宝宝编织物大全

张翠 主编

妈咪必备
手编系列

海峡出版发行集团
THE STRAITS PUBLISHING & DISTRIBUTING GROUP

福建科学技术出版社
FUJIAN SCIENCE & TECHNOLOGY PUBLISHING HOUSE

图书在版编目（CIP）数据

宝宝编织物大全 / 张翠主编. —福州：福建科学
技术出版社，2017.1
（妈咪必备手编系列）
ISBN 978-7-5335-5221-3

Ⅰ.①宝… Ⅱ.①张… Ⅲ.①童服－绒线－编织－图
集 Ⅳ.①TS941.763.1-64

中国版本图书馆CIP数据核字（2016）第311905号

书　　名　宝宝编织物大全
　　　　　　妈咪必备手编系列
主　　编　张翠
出版发行　海峡出版发行集团
　　　　　　福建科学技术出版社
社　　址　福州市东水路76号（邮编350001）
网　　址　www.fjstp.com
经　　销　福建新华发行（集团）有限责任公司
印　　刷　福建地质印刷厂
开　　本　889毫米×1194毫米　1/16
印　　张　8
图　　文　128码
版　　次　2017年1月第1版
印　　次　2017年1月第1次印刷
书　　号　ISBN 978-7-5335-5221-3
定　　价　39.80元
书中如有印装质量问题，可直接向本社调换

Contents 目录

1 精灵童趣宝宝帽

钩针小花帽

钩花造型很多，主要看妈妈们如何来使用了。这款帽子首先需织好帽围，然后再将钩花缝合在帽子上。

② 制作方法：P65

① 制作方法：P65

制作方法：P58

可爱花朵帽

这款帽子钩法和前面几款帽子类似，
但加上这朵大钩花后，整体的造型风格就
完全不一样了！妈妈们不妨试试吧！

04 制作方法：P66

可爱兔耳帽

与可爱花朵帽的缝合方法相同。可利用彩色丝带装饰，效果会截然不同哦！

注意：
耳朵的特殊形状

05 制作方法：P67

俏皮青蛙帽

　　想给宝宝钩出漂亮的帽子，颜色搭配很重要，这里向各位妈妈介绍两款可爱逗趣的青蛙帽，为宝宝们的穿着打扮加分哦!

06 🌿 制作方法：P67

幸运狗狗帽

这是一款棒针编织的宝宝帽子，织法很简单，妈妈们可编织到自己想要的长度后，将两个小耳朵编织好，缝合上去就完成了！

注意：
眼部编织细节

07 制作方法：P68

可爱小熊护耳帽

这款毛线帽使用长针钩织法。妈咪们一定要注意缝合部分哦！缝合时稍留些重合位会让帽子看起来更俏皮。

08 制作方法：P69

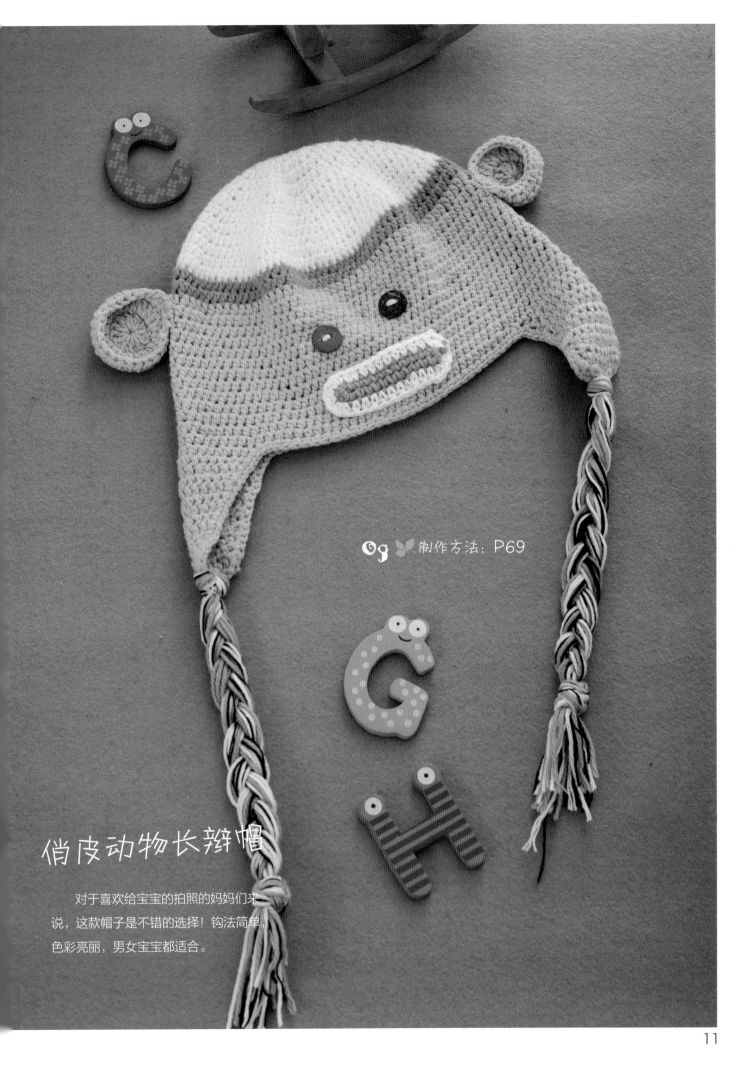

og ❤ 制作方法：P69

俏皮动物长辫帽

对于喜欢给宝宝的拍照的妈妈们来
说，这款帽子是不错的选择！钩法简单，
色彩亮丽，男女宝宝都适合。

温暖护耳帽

本款帽子可使用家中闲置的零碎毛
线，不但样式别致，制作成本也超低哦！

🌱 制作方法：P70

粉红小猪帽

哈哈，看我可爱吗？本款帽子可最大
限度利用零碎毛线，快将平时派不上用场
的线头拾起来吧！

制作方法：P70~71

13 ❧ 制作方法：P71~72

护耳花朵帽

　　喜欢钩针的妈咪赶快动起手来吧，同样的款式，不同的织法，效果也会很不一样哦！

制作方法：P72

长辫护耳青蛙帽

这款帽子的针法极为简单哦！只要学
会钩针入门针法，钩出漂亮的护耳青蛙帽
就是这么简单！

小灰兔套装

可爱小兔子造型永远是宝宝的最
爱,搭配绒线球小裤子,给宝宝最贴
心的呵护。

15 ❧ 制作方法:P73

超萌精灵套装

夸张的小象耳朵，配上可爱的长尾
巴，暖和又漂亮。

18 制作方法：P73~74

17　制作方法：P74

18　制作方法：P75

19　制作方法：P75~76

可爱动物造型帽

大部分帽子织法基本类似，只是在款式上稍做了些变化。编织过一顶帽子之后，再想编织第二顶时就会很简单了！

20 制作方法：P75~76

19

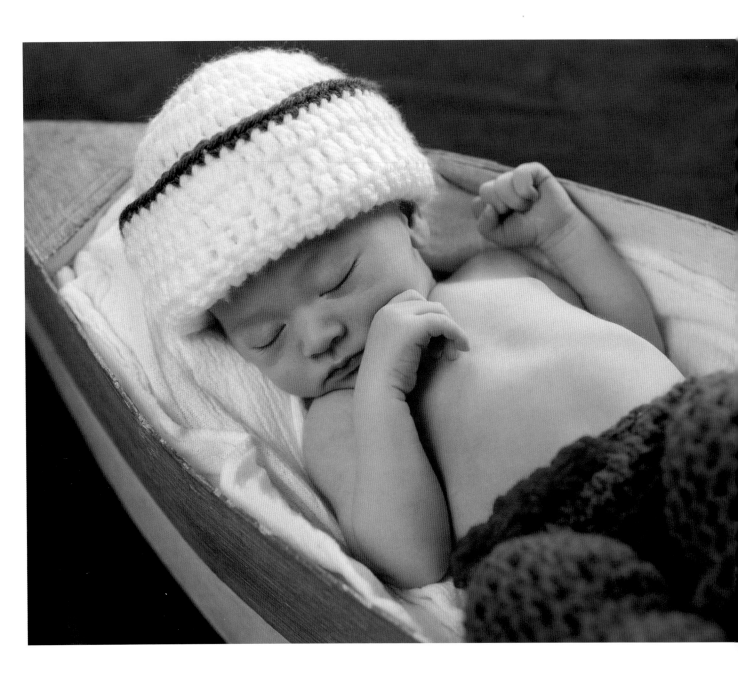

翻沿钩针帽

这款帽子造型非常简单，妈妈们只
需要掌握长针的钩法及帽子的结构即可
完成。

21 ❦ 制作方法：P76

蝴蝶结贝雷帽

同样是贝雷帽，但加了蝴蝶结后效果
完全不一样了，是不是更漂亮一些呢？

22 🦋 制作方法：P77

超萌钩花头巾

这款作品妈咪们只需要学会基本的
钩针针法就可完成，是非常简单实用的
款式。

23 🌿 制作方法 P78

清新太阳花帽

钩花的造型百变，换个颜色就会有不
同的效果，这款黄白搭配的钩花是不是很
有太阳花的感觉呢？

24 制作方法：P78

经典配色流苏帽

这款帽子的样式和配色十分经典，宝宝戴起来俏皮可爱，妈妈们赶快动手织一顶吧！

2 超萌宝宝手套鞋袜

婴儿必备手套袜子

这样的手套和袜子无论是送人还是给自家宝宝穿戴都是很不错的选择。妈咪们在选择线的颜色时需注意，如果是送给男宝宝建议选择淡蓝色线，如果是女宝宝，图中的粉色就很适合了。

26

27

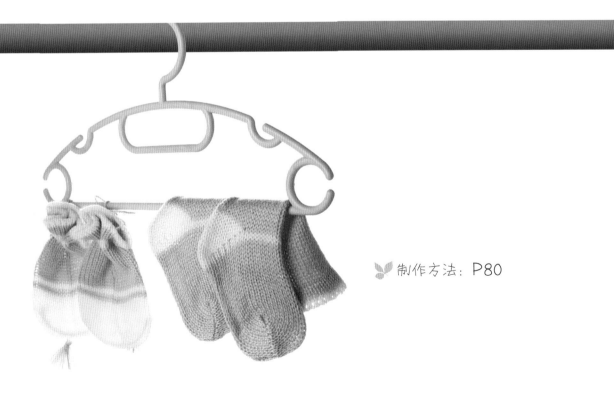

制作方法：P80

宝宝实用手套袜子

无论是手套还是袜子，只要掌握了关键部位的织法，其他部位都是非常简单的，想编织漂亮的作品，那就一定要在毛线颜色的选择上多下功夫了。

🌿制作方法：P80~81

31

暖暖毛线袜

这种小袜子特别暖和，适合北方的天气，织法也非常简单，妈妈们其实只要看看图中的作品，自己数数针数便可清楚编织方法了。

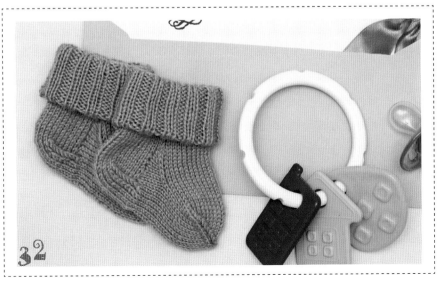

32

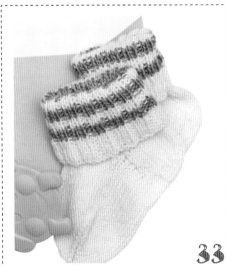

33

温暖宝宝鞋

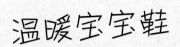

每次去逛婴儿店，都会看到许多可爱又漂亮
的宝宝毛线鞋，各位妈妈心里是不是也想为自己
的宝宝编织一双可爱的鞋子？赶快行动起来吧！

34

35

36

37

制作方法：P83~84

百变宝宝鞋

掌握了毛线鞋的基本织法，鞋子就可以千变
万化了。

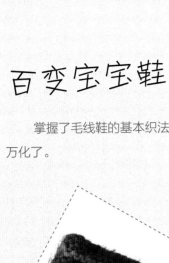

40

38

🍂 制作方法：P84~86

39

41

42

时尚长款宝宝鞋

妈妈们织鞋子时，可以随自己喜好加上配饰，让鞋子看起来更加精致可爱。

43

44

制作方法：P87

柔软手编鞋袜

当宝宝还不会走路的时候，鞋袜可不能少哦，它们是保护宝宝柔嫩小脚的一道防线。

45

48

46

49

47

制作方法：P88~90

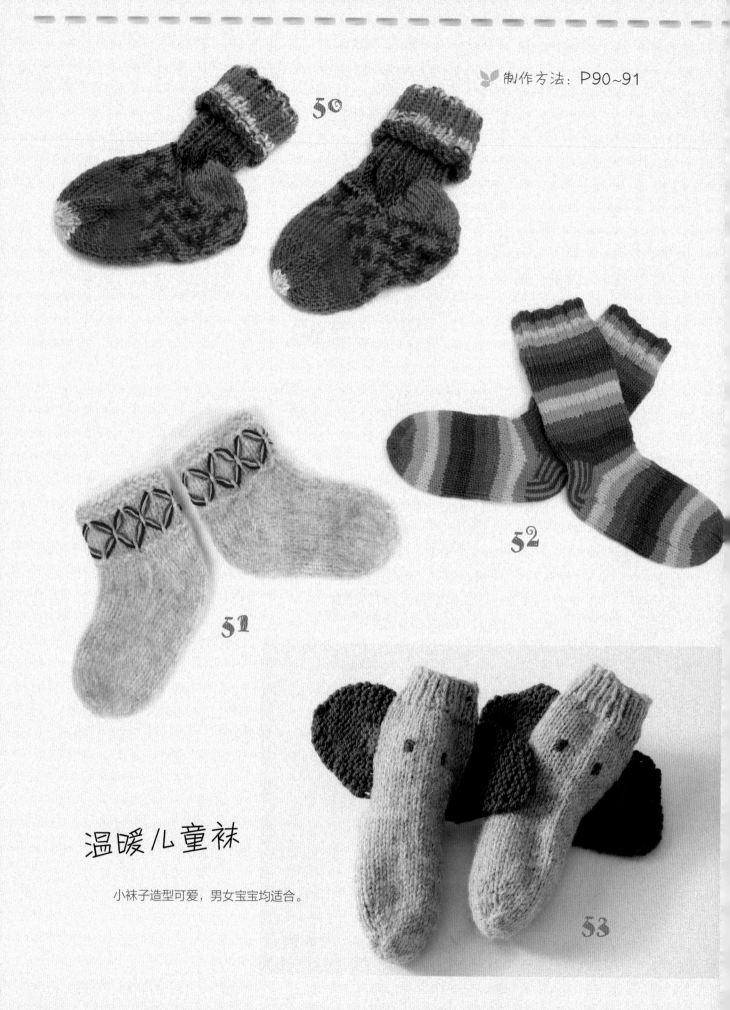

制作方法：P90~91

50

52

51

温暖儿童袜

小袜子造型可爱，男女宝宝均适合。

53

百搭儿童袜

毛线袜子织法多样，简单易学。还可根据自己的喜好搭配颜色，给宝宝带去妈妈温暖的爱，快来一起试试吧！

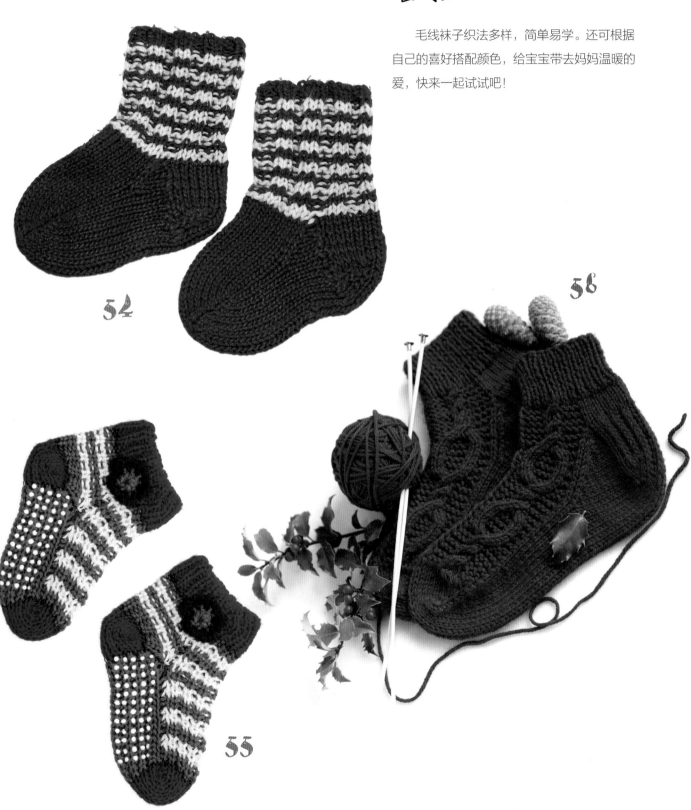

54

56

55

🌿 制作方法：P92~93

制作方法：P93

57

58

简单毛线凉鞋

这几款宝宝凉鞋简单实用，赶快收集身边的
毛线，参照图解织起来吧！

舒适学步鞋

天气凉了，宝宝活泼好动，学步鞋是一个不错的选择哦！

59

60

🍃 制作方法：P94

35

精致宝宝鞋

这几款宝宝鞋样式精致，一针一线都是妈妈的一片心意，快动手给宝贝编织一双吧！

🍃 制作方法：P94~96

百搭毛线鞋

好看且容易编织的百搭毛线鞋，款式简单，
比买来的实惠很多呢！

68

制作方法：P96~97

66

87

69

精巧宝宝毛线鞋

简单的船鞋，样式好看又实用，宝宝
穿在脚上非常温暖。

🌱 制作方法：P98~99

粉红小兔毛线鞋

使用了可爱的粉红色，鞋面上的小兔造型逼真，适合家里的小美女。

制作方法：P99

3 俏皮宝宝毛衣

秀气连帽开衫

此款开衫最大的特点在于连帽处的毛
绒设计，更添一层温暖，腰带的设计起到
了很好的收腰效果。

75 制作方法：P100~101

纯白蝙蝠袖套头衫

干净的纯白色，衬托出宝贝出尘的气
质，蝙蝠袖的款式搭配打底衫非常漂亮。

78　　制作方法：P101~102

横纹休闲装

驼色加棕色的横纹毛衣，穿出时尚又
个性的休闲风。略有褶皱的小衣摆，又添
柔美味道。

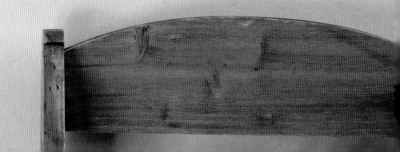

78 制作方法：P105

火红小外套

新春伊始，给你的宝贝装扮起来吧，喜庆的大红色是首选哦，在春意渐浓的季节里，让你的宝贝更加耀眼。

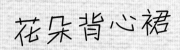

花朵背心裙

深色背心款的小裙子搭配纯白色的蕾
丝打底衫，给人复古的感觉。裙摆的花朵
很有小清新的感觉。

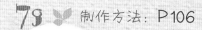

79 制作方法：P106

制作方法：P107

公主短袖衫

也是一款很简单的上下针的毛衣，这
件毛衣出彩的地方在毛衣的下摆处，设计
成蛋糕裙的样子，搭配打底裤就很漂亮。

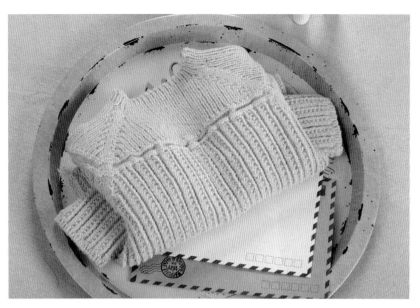

粉色套头衫

很简单的一款插肩套头衫，适合新手妈妈拿来练手哦！粉色是小女孩最爱的颜色。

81 ❧ 制作方法：P108

休闲风连帽背心

绿色的小背心，清新宜人，大大的帽
子很有运动休闲的感觉，木质的花朵扣很
有特点哦！

82 🦋 制作方法：P108~109

花朵清凉短袖

翻领的配色短袖衫，采用柔软亲肤的
毛线材料，可以贴身穿着，立体花的花样
非常漂亮。

83 ❧ 制作方法：P110~112

精致麻花高领装

 制作方法：P112~113

高领的设计很好地保护了宝宝的脖子，毛衣前片花样特色十足，只要详细地参照图解，相信你也能够游刃有余。

蓝色小翻领外套

清新的天蓝色给人一种沁人心脾的视
觉感受，精致的扭"8"花样搭配简单的
菱形图案，这样的一件小翻领外套穿着起
来也是十分的帅气。

褐色V领开衫外套

褐色V领外套款式经典，花样素雅精
致，而且有很好的保暖效果。

86

制作方法：P115~116

复古毛衣

这款高领毛衣具有很好的保暖效果，在配色、图案的选择上，花了很大的心思，整件毛衣很有欧洲复古范。

87 ❤ 制作方法：P116~118

大红短袖装

四叶草是幸运的象征。这件红艳艳的
四叶草图案毛衣能给宝宝带来好运哦！快
来试试吧！

88 ❦ 制作方法：P118~119

喜庆韩式外套

大红色很喜庆，家有本命年宝宝的妈妈，可以为自己的宝宝准备一件这样的红色外套，既喜庆又有气质。

89 🌿 制作方法：P119~120

清新小外套

淡雅的蓝色，像清新的天空。看着宝宝穿着你亲手织的毛衣，快乐地奔跑，就是一种幸福。

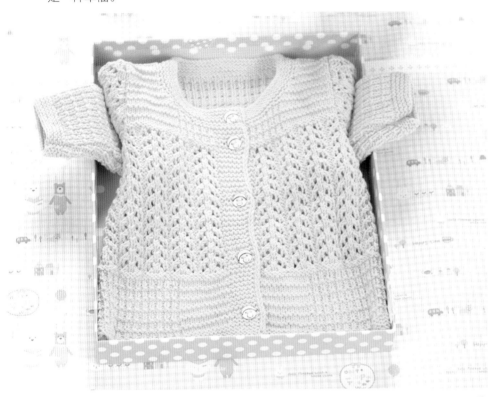

制作方法：P120~121

黑白配公主裙

制作方法：P122

雪白的颜色，更能衬托出小孩娇嫩的
肌肤，小裙摆的设计很受小朋友欢迎，腰
间的黑色蝴蝶结点缀得恰到好处。

双排扣翻领外套

制作方法：P123

毛衣左右片编织的经典麻花花样给衣
服增添了不少复古的色彩，小翻领的设
计，使衣服更添几分帅气。

制作方法：P124

93

波浪纹翻领装

精致的波浪纹花样编织，搭配时尚的
翻领设计，潮流感十足，这样的一件毛衣
搭配简单的牛仔裤也是很不错的。

两用围巾

由米色毛线织成，可以当披肩用，利用木质扣子结合起来，也可以当作时下最流行的围巾哦！

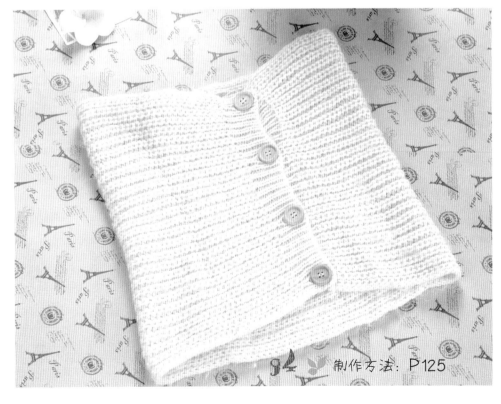

制作方法: P125

35 ❧ 制作方法：P125~126

复古开衫

灰色经典大气，牛角扣和毛衣的花样
很有复古感，中长的款式比较保暖哦，搭
配一条碎花的围巾很有味道。

制作方法：P127

两粒扣短袖装

此款短袖装从编织手法和毛线材料的
选择上看，显得十分的精致，毛衣贯穿的
麻花花样也有一种别样的风采。

闪亮披肩

亮片线是很流行的毛线材料，单一的黑色总是给人太过压抑的感觉，加上亮片之后时尚感也会大大提升哦！

97 ❦ 制作方法：P128

棒针起针法

1. 手指挂线起针法

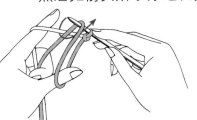

❶ 采用比棒针粗两倍的针起针，短线端留出约编织尺寸的 3 倍的线。

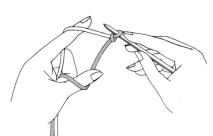

❷ 如图所示将线挂在手指上，短线绕在大拇指上。

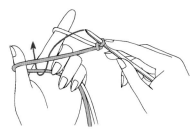

❸ 如箭头所示方向先从拇指上挑线。

❹ 然后如箭头所示穿过食指线。

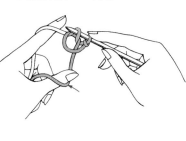

❺ 将挂在拇指上的线暂时放掉，将线圈拉紧。

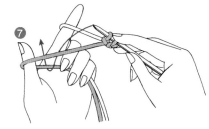

❻ 完成第 2 针。

❽ 反复操作步骤 3 至步骤 6。

❼

2. 使用钩针起针法

❶ 先钩 1 针锁针，拿 1 根棒针压住线。

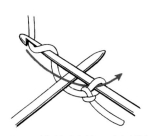

❷ 隔着棒针钩 1 针锁针。

❸ 将线放到棒针下面。

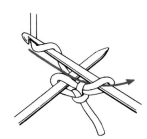

❹ 接着再钩 1 针锁针。

❺ 反复操作步骤 3 至步骤 4。

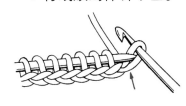

❻ 完成时将钩针上的针圈如图所示穿在棒针上。

钩针起针法

1. 锁针（辫子针）起针法

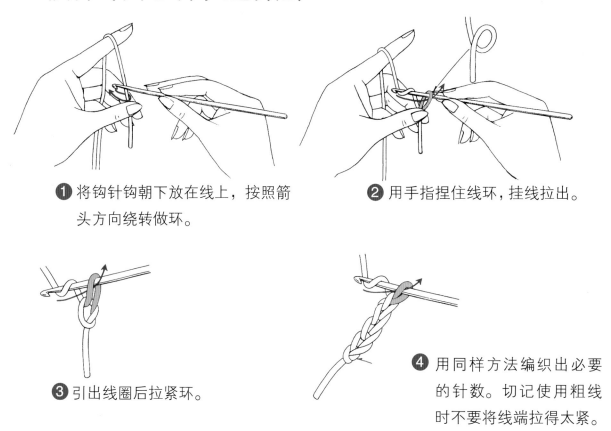

❶ 将钩针钩朝下放在线上，按照箭头方向绕转做环。

❷ 用手指捏住线环，挂线拉出。

❸ 引出线圈后拉紧环。

❹ 用同样方法编织出必要的针数。切记使用粗线时不要将线端拉得太紧。

2. 环形起针法

　　想编织紧实的中心时可使用这种最为简单的起针方法。最开始的环的大小很关键。抽紧线端后移至下行时要注意，不能将线端编入一针，否则很容易松散。

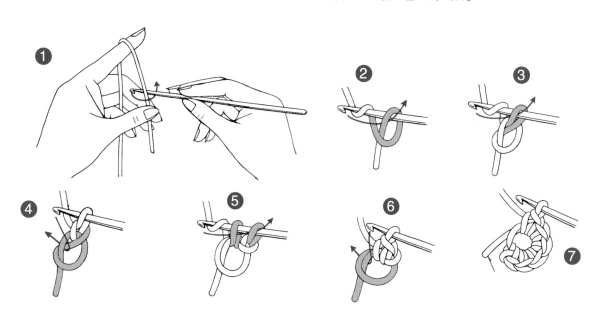

制作图解

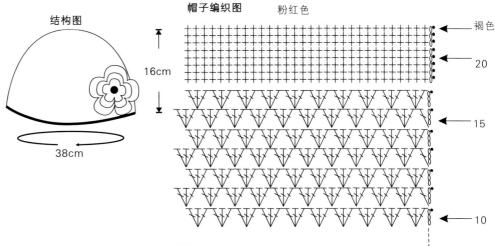

结构图

帽子编织图　　粉红色

16cm

38cm

褐色

20

15

10

9

立体花编织图

褐色，花心缝1颗白色纽扣

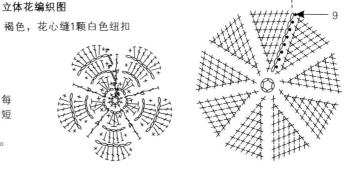

作品01

【成品规格】帽高16cm，头围38cm

【工　　具】3.5mm可乐钩针

【材　　料】粉红色棉线200g，褐色毛线少许，白色纽扣1颗

【编织要点】

1.参照帽子编织图，从帽顶起针，分9等份，逐层加针到第9行，每行加9针短针。第10行起钩花样，一直钩到第16行。第17行起钩短针到结束。最后1行短针为褐色。

2.参照立体花的钩法，钩花1朵装饰在帽侧，花心缝1颗白色纽扣。

结构图

16cm

38cm

立体花编织图

3.0mm钩针

帽子编织图　　第1行到第14行为褐色

粉红色

15

10

7

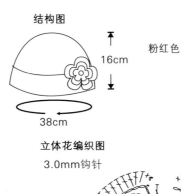

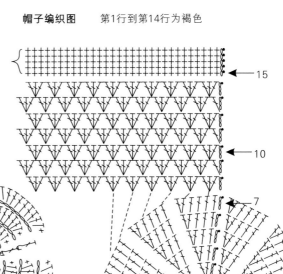

作品02

【成品规格】帽高16cm，头围38cm

【工　　具】2.5mm、3.0mm可乐钩针

【材　　料】褐色毛线100g，粉红色和桃红色毛线少许

【编织要点】

1.参照帽子编织图，从帽顶起针，第2行长针钩12针，每行加12针，逐层加针到第7行，第8行参照图解加针，每8针加1针，第9行到第14行不加减针。

2.参照帽子编织图，第15行到第19行为短针，用粉红色毛线。

3.参照立体花编织图，钩立体花1朵，缝合在帽侧作为装饰。

作品03

【成品规格】帽高16cm，头围38cm

【工　　具】2.5mm、3.0mm可乐钩针

【材　　料】驼色毛线100g，红色和绿色毛线少许

【编织要点】

1. 参照帽子编织图，从帽顶起针，第2行长针钩12针，每行加12针，逐层加针到第7行，第8行参照编织图加针，每8针加1针，第9行到第16行不加减针。

2. 参照帽子编织图，第16行到第21行为短针，第17行到结束为红色。

3. 参照立体花编织图，钩立体花1朵，缝合在帽侧作为装饰。

5行短针 ←20
←15
←10
←7

1 2 2 1 2

立体花编织图

3.0mm钩针

花心和第2层花瓣为绿色，
第1层和第3层花瓣为红色

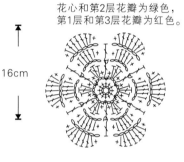

帽子编织图

第1行到第16行为驼色

第8行间隔针数：
2、2、1重复

结构图

16cm

38cm

作品04

【成品规格】帽高15cm，
　　　　　　头围40cm

【工　　具】3.0mm可乐钩针

【材　　料】褐色毛线120g，
　　　　　　红色和绿色毛线少许

帽子编织图

红色
←15

围绕第9行不加减针圈钩一直到第18行

←10

9

【编织要点】

1. 参照帽子编织图，用褐色毛线从帽顶起针，第1行起10针长针，逐层加针到第9行，第10行到第18行不加减针。第18行换红色毛线钩织。

2. 参照帽子装饰花朵编织图，钩立体花1个，缝合在帽侧作为装饰。

3. 参照帽子耳朵编织图，钩耳朵2片，缝合在帽顶作为装饰。

帽子耳朵编织图

（红色）　　（外围褐色）

帽子装饰花朵编织图

（3层花瓣，最后1层花瓣为绿色）

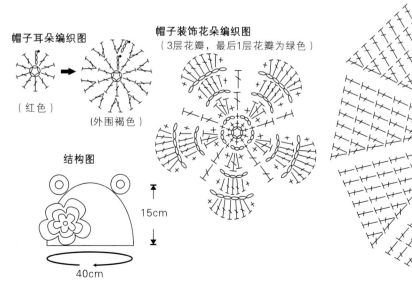

结构图

15cm

40cm

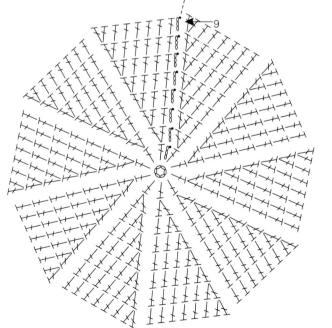

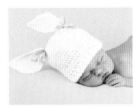

作品05

【成品规格】帽高16cm，头围40cm

【工　　具】3.0mm可乐钩针

【材　　料】白色毛线120g，丝带2条

【编织要点】

1.参照帽子编织图，从帽顶起针，用白色毛线起9针长针，分9等份加针，每等份加1针，逐层加针到第8行，第9行到第14行不加减针。第15行开始钩浮针，一直到第18行结束。

2.参照帽子耳朵编织图，用白色毛线起20针锁针，钩5行长针，每行头尾减1针，共钩5行长针。钩2片耳朵，钩完与帽顶缝合，在缝合处缝丝带一条。

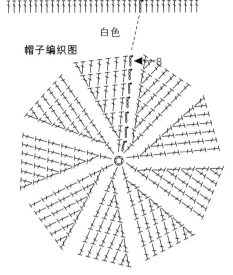

15 ←

10 ←

白色

帽子编织图

8

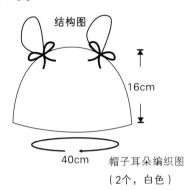

结构图

16cm

40cm

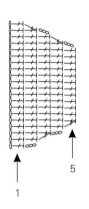

5

1

帽子耳朵编织图
（2个，白色）

作品06

【成品规格】帽高15cm，头围40cm

【工　　具】5.0mm可乐钩针，12号棒针一副

【材　　料】黄色毛线100g，黑色、白色和粉色毛线少许

【编织要点】

1.参照帽子编织图，从帽沿起针，起56针，正面下针，一直编织到第12行，开始每5针减针一直到第18行，在帽顶合成一针。

2.参照帽子耳朵编织图，钩耳朵2个，注意每行颜色变化，缝合在帽顶左右。

3.参照青蛙腮红编织图，钩10针长针缝合在帽身左右为腮红装饰。

15cm 4.用黑色毛线缝合青蛙嘴巴。

结构图

40cm

青蛙腮红编织图
（2个，粉红色）

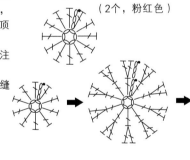

帽子耳朵编织图（2个）

第1行为黑色，10针长针
第2行为白色，20针长针
第3行为黄色，每行30针

黄色　白色　黑色

粉色

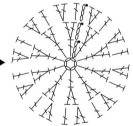

黑色毛线缝成

帽子编织图

18

15

10

5

1

60　30　25　20　15　10　5　1

作品07

【成品规格】帽高15cm，头围40cm

【工　　具】3号棒针

【材　　料】棕色牛奶棉线80g

【编织要点】

1.帽片主体从帽口起136针，圈状编织58行，再依帽片编织图进行减针，每2行减1针，共减16针编织32行。

2.依照耳朵编织图编织4片耳朵，每2片缝合成1片。

3.缝合耳朵、眼睛及鼻子。

结构图

15cm

40cm

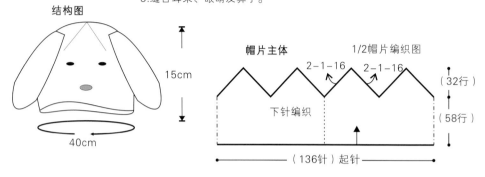

帽片主体　　　　　　　1/2帽片编织图

2-1-16　　2-1-16

（32行）

下针编织

（58行）

（136针）起针

帽片编织图

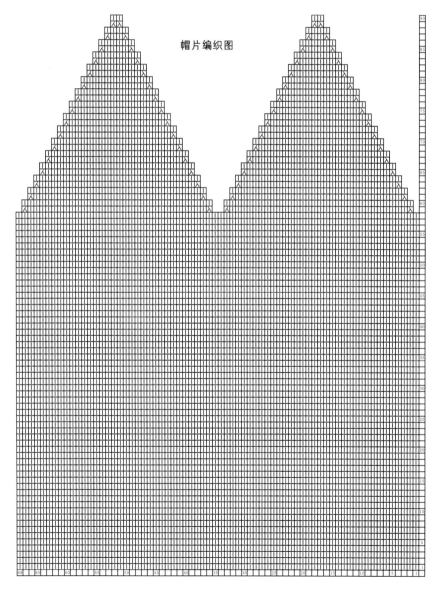

耳朵4片
下针编织
（8针）

（38行）

耳朵编织图

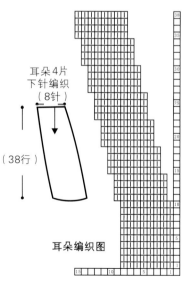

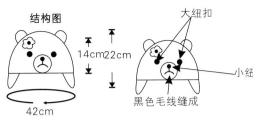

结构图

14cm 22cm

42cm

大纽扣

小纽扣

黑色毛线缝成

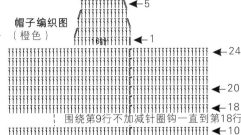

花边编织图
黄色

鼻子编织图
（1个）白色

耳朵编织图
（2个）橙色，耳朵外围钩1行短针

5
1

帽子护耳编织图
左右护耳对称
（橙色）

10
5
1

16针

帽子编织图
（橙色）

24
20
18
围绕第9行不加减针圈钩一直到第18行
10
9

装饰小花编织图
（1朵）花心黄色，花瓣白色

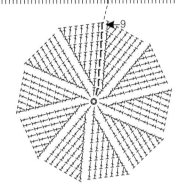

作品08

【成品规格】帽高14cm，头围42cm
【工　　具】2.5mm可乐钩针
【材　　料】橙色毛线100g，白色、黑色和黄色毛线少许，大纽扣2颗，小纽扣2颗
【编织要点】

1.参照帽子编织图，从帽顶起针，逐层加针到第9行，第10行到第24行不加减针。
2.参照帽子护耳编织图，从帽子第24行对折，钩左右对称16针，逐层减针钩10行。
3.参照帽子耳朵编织图，钩耳朵2个，缝合在帽顶左右。
4.参照鼻子编织图，钩白色鼻子1个并缝合。
5.参照装饰小花编织图，钩小花1朵缝合在帽子上。
6.参照帽子花边编织图，在帽子外围钩黄色花边1行。
7.将纽扣与帽子缝合，在鼻子上用黑色毛线缝出嘴巴。

作品09

【成品规格】帽高16cm，头围48cm
【工　　具】2.5mm可乐钩针
【材　　料】驼色毛线100g，白色、黑色和蓝色毛线各少许，纽扣2颗
【编织要点】

1.参照帽子编织图，从帽顶起针，逐层加针到第10行，第11行到第28行不加减针。
2.参照帽子护耳编织图，将帽子第28行对折，钩左右对称18针，逐层减针钩11行。
3.参照帽子耳朵编织图，钩耳朵2个，缝合在帽顶左右。
4.参照嘴巴的编织图，钩嘴巴1个，与帽子缝合。
5.围绕帽口钩1行驼色短针，并在护耳尖端编织2条绑带。

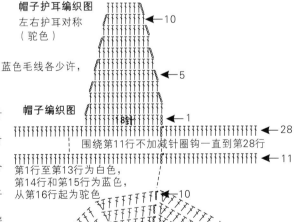

帽子护耳编织图
左右护耳对称
（驼色）

10
5
1

18针

帽子编织图

28
围绕第11行不加减针圈钩一直到第28行
11
10

第1行至第13行为白色，
第14行和第15行为蓝色，
从第16行起为驼色

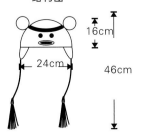

结构图

16cm
24cm
46cm

帽子耳朵编织图
（2个）　驼色

嘴巴编织图
（1个）　蓝色和白色

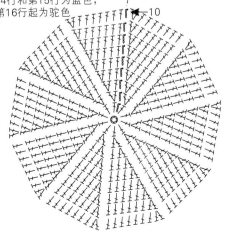

作品10

【成品规格】帽高15cm，头围40cm

【工　　具】5.0mm可乐钩针

【材　　料】白色毛线100g，粉色毛线少许

【编织要点】

1.参照帽子编织图，用白色毛线从帽顶起针，起8针长针，分8等份加针，每等份加1针，逐层加针到第7行，第8行到第10行不加减针。

2.参照帽子护耳编织图，将帽子第10行对折，钩左右对称12针，逐层减针钩6行。

3.参照帽子耳朵编织图，起11针长针，第1行到第3行圈钩粉色，第4行圈钩白色，将耳朵缝合在帽顶两侧。

4.参照帽子蝴蝶结编织图，钩蝴蝶结一个缝合在相应位置。

5.黑色帽子钩法与白色帽子同，不钩护耳和蝴蝶结。

帽子耳朵编织图（2个）

第1行到第3行圈钩粉色
第4行圈钩白色

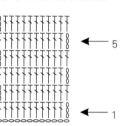

 帽子蝴蝶结编织图

1个，粉色，中间对折用毛线圈住

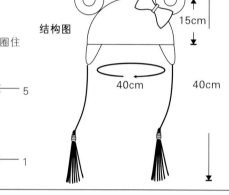

← 5

← 1

结构图

15cm

40cm

40cm

帽子护耳编织图

左右护耳对称（白色）

← 5

帽子编织图
12针

← 1

← 10

← 8

第8行围绕第7行圈钩

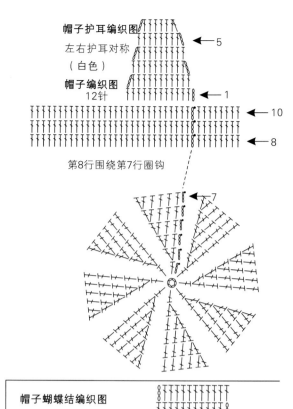

← 7

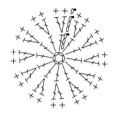

作品11

【成品规格】帽高15cm，头围40cm

【工　　具】4.0mm可乐钩针

【材　　料】白色毛线100g，粉橙色和黑色毛线各少许，4颗黑色塑料珠子

【编织要点】

1.参照帽子编织图，用白色毛线从帽顶起针，起10针长针，分10等份加针，每等份加1针逐层加针到第7行，第8行到第11行不加减针。

2.参照帽子护耳编织图，将帽子第11行对折，钩左右对称12针，逐层减针钩6行。

3.参照帽子耳朵编织图，起11针长针，第1行到第3行圈钩粉橙色毛线，第4行圈钩白色毛线，第5行圈钩黑色毛线。将耳朵缝合在帽顶两侧。

4.参照帽子眼睛黑斑编织图，起6针短针，第2行钩12针短针，第3行钩18针单挑短针，将之缝合。

5.参照帽沿编织图，钩3行短针，与帽子一起在帽子外围钩1行黑色短针。

6.参照帽子蝴蝶结编织图，钩蝴蝶结一个，缝合眼睛和蝴蝶结。

帽子耳朵编织图（2个）

第1行到第3行圈钩粉橙色
第4行圈钩白色
第5行圈钩黑色

帽沿编织图
粉橙色

帽子蝴蝶结编织图

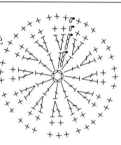 **帽子眼睛黑斑编织图**
黑色（1个）

1个粉橙色，中间对折，用毛线圈住

← 5

← 1

帽子护耳编织图

左右护耳对称（白色）

← 5

帽子编织图
12针

← 1

← 10

← 8

第8行围绕第7行圈钩

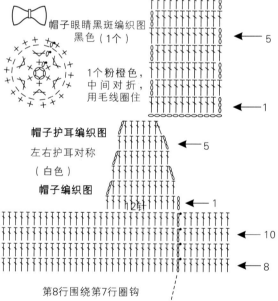

← 7

结构图

15cm

40cm

40cm

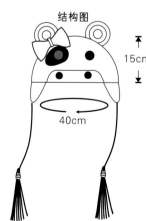

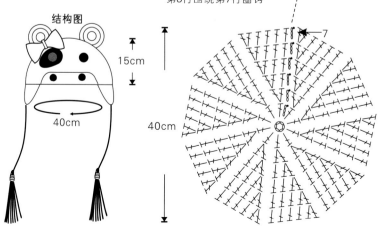

70

作品12

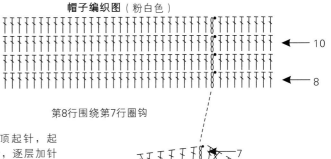

帽子编织图（粉白色）

←10

←8

第8行围绕第7行圈钩

【成品规格】帽高16cm，头围40cm

【工　　具】4.0mm可乐钩针

【材　　料】粉白色毛线100g，

　　　　　　粉红色和黑色毛线各少许，

　　　　　　丝带一条，眼睛2个

【编织要点】

1.参照帽子编织图，用粉白色毛线从帽顶起针，起10针长针，分10等份加针，每等份加1针，逐层加针到第7行，第8行到第11行不加减针。

2.参照帽子耳朵编织图，起11针长针，毛线第1行到第3行圈钩粉红色毛线，第4行到第5行圈钩粉白色毛线。将耳朵缝合在帽顶两侧。

3.参照帽子鼻子编织图，起6针短针，第2行钩12针短针，第3行钩18针单挑短针，不加减针钩3行。将鼻子缝合。在鼻孔上缝2条黑线为鼻孔。

4.缝合眼睛和蝴蝶结。

结构图

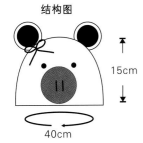

15cm

40cm

帽子耳朵编织图（2个）

第1行到第3行圈钩粉红色
第4行到第5行圈钩粉白色

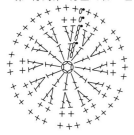

←7

用黑色毛线
缝成鼻孔

帽子鼻子编织图（2个）
粉红色

作品13

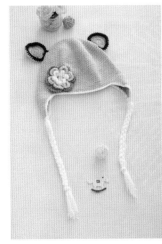

【成品规格】帽高16cm，头围44cm

【工　　具】2.5mm可乐钩针

【材　　料】驼色毛线100g，褐色、白色、粉红色、

　　　　　　桃红色毛线少许

【编织要点】

1.参照帽子编织图，从帽顶起针，起9针长针，分9等份加针，逐层加针到第11行，第12行到第32行不加减针。

2.参照帽子护耳编织图，从帽子第32行对折，钩左右对称22针，逐层减针钩15行。

3.参照帽子耳朵编织图，钩耳朵2个，缝合在帽顶左右。

4.参照立体花编织图，钩立体花1个，缝合在帽侧为装饰。

5.围绕帽口钩1行白色短针，并在护耳尖端编织2条白色绑带。

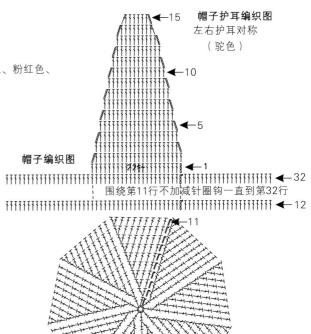

帽子护耳编织图
左右护耳对称
（驼色）

←15

←10

←5

←1

帽子编织图

围绕第11行不加减针圈钩一直到第32行

←32

←12

←11

71

立体花编织图
（1朵）

第1层花瓣为白色，
第2层花瓣为粉红色，
第3层花瓣为桃红色。

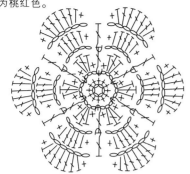

结构图

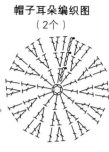

16cm
44cm
45cm

帽子耳朵编织图
（2个）

第1行至第4行为驼色，
第5行围绕第4行不加
减针圈钩1行褐色短针。

作品14

【成品规格】帽高15cm，头围44cm
【工　　具】2.5mm可乐钩针
【材　　料】绿色毛线100g，黑色、白色和粉
红色毛线少许

帽子护耳编织图
左右护耳对称
（绿色）

←10
←5
←1

帽子编织图
18针

←28
围绕第11行不加减针圈钩一直到第28行
←12

←11

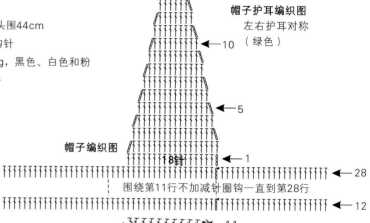

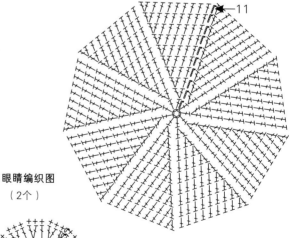

【编织要点】
1.参照帽子编织图，从帽顶起针，起9针长针，分9等份加
针，每等份加1针，逐层加针到第11行，第12行到第28行
不加减针。
2.参照帽子护耳编织图，从帽子第28行对折，钩左右对
称18针，逐层减针钩13行。
3.参照帽子眼睛编织图，钩眼睛2个，注意每行颜色变
化，缝合在帽顶左右。
4.参照青蛙腮红编织图，起12针长针，第3行钩24针长
针，钩完后，缝合在帽身左右作为腮红装饰。
5.在护耳尖端编织2条绿色绑带。

眼睛编织图
（2个）

青蛙腮红编织图
（2个） 粉红色

结构图

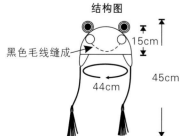

黑色毛线缝成

15cm
44cm
45cm

第1行和第2行为黑色，第2行15针长针。
第3行为白色，30针长针。
第4行和第5行为绿色，每行45针。

72

作品15

【成品规格】帽高15cm，头围40cm，裤长15cm

【工　　具】3.5mm可乐钩针

【材　　料】灰色毛线220g，粉红色毛线少许

【编织要点】

1.参照帽子编织图，从帽顶起针，逐层加针到第12行，每行加7针短针。第13行到第15行不加减针。

2.参照帽子左右耳朵编织图，钩2个小兔子耳朵，在外围钩1行灰色短针。缝合在帽子左右侧的位置。

3.参照裤子编织图，从中间起6针锁针，每行左右加1针长针，前片在第7行后不加针，左右各延伸5针。后片在第8片不加针，左右各延伸4针。前片第9行留扣眼。

4.在裤子后片缝合1个小毛球作为兔子尾巴。

帽子编织图（灰色）

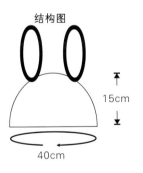

围绕第12行不加减针圈钩一直到第15行

裤子编织图（灰色）

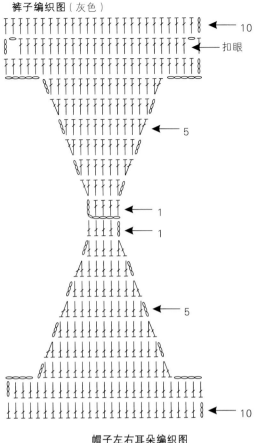

帽子左右耳朵编织图

（粉红色，外围圈钩灰色）

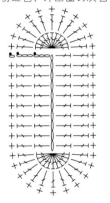

结构图

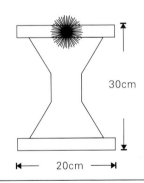

作品16

【成品规格】帽高15cm，头围40cm，裤长15cm

【工　　具】3.5mm可乐钩针

【材　　料】灰色毛线220g，白色毛线少许

【编织要点】

1.参照帽子编织图，从帽顶起针，逐层加针到第12行，每行加7针短针。第13行到第15行不加减针。

2.参照帽子左右耳朵编织图，钩3个圆圈并拼合，在3个拼合的圆圈外围钩1行灰色短针。将耳朵缝合在帽子左右侧的位置。

3.参照裤子编织图，从中间起6针锁针，每行左右加1针长针，前片在第7行后不加针，左右各延伸5针。后片在第8片不加针，左右各延伸4针。前片第9行留扣眼。

4.在裤子后片钩一条长10针的锁针"链"作为尾巴。

结构图

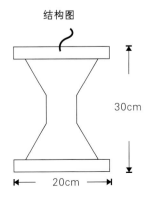

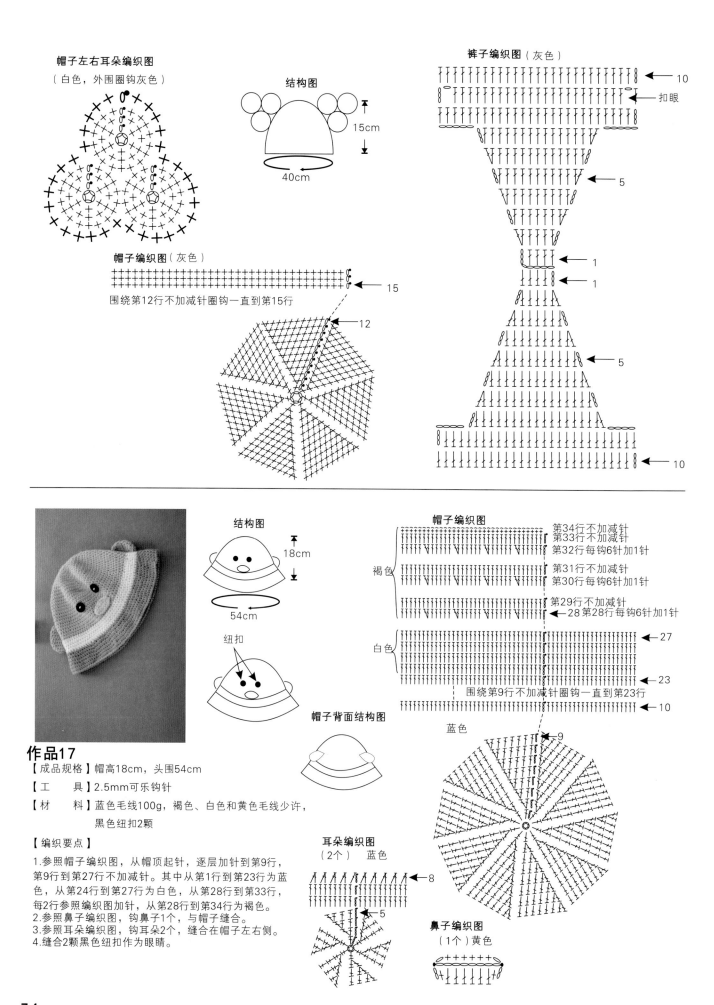

帽子左右耳朵编织图
（白色，外围圈钩灰色）

结构图

15cm

40cm

帽子编织图（灰色）

15

围绕第12行不加减针圈钩一直到第15行

12

裤子编织图（灰色）

10

扣眼

5

1

1

5

10

作品17

【成品规格】帽高18cm，头围54cm

【工　　具】2.5mm可乐钩针

【材　　料】蓝色毛线100g，褐色、白色和黄色毛线少许，
黑色纽扣2颗

【编织要点】

1.参照帽子编织图，从帽顶起针，逐层加针到第9行，
第9行到第27行不加减针。其中从第1行到第23行为蓝色，
从第24行到第27行为白色，从第28行到第33行，
每2行参照编织图加针，从第28行到第34行为褐色。

2.参照鼻子编织图，钩鼻子1个，与帽子缝合。

3.参照耳朵编织图，钩耳朵2个，缝合在帽子左右侧。

4.缝合2颗黑色纽扣作为眼睛。

结构图

18cm

54cm

纽扣

帽子背面结构图

帽子编织图

第34行不加减针
第33行不加减针
第32行每钩6针加1针

褐色

第31行不加减针
第30行每钩6针加1针

第29行不加减针
28 第28行每钩6针加1针

白色

27

23

围绕第9行不加减针圈钩一直到第23行

10

蓝色

9

耳朵编织图
（2个）蓝色

8

5

鼻子编织图
（1个）黄色

耳朵编织图
（2个） 红色
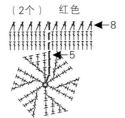
←8
←5

眼睛编织图
（2个） 白色

帽子护耳编织图
左右护耳对称
（绿色）
←8
←5

帽子编织图
第1至18行为红色，
第19至24行为绿色
14针
←1
←24
←20
←18
围绕第9行不加减针圈钩一直到第18行
←10

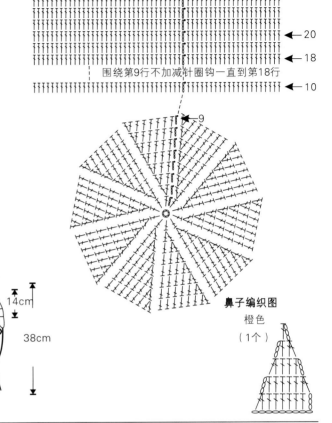
→9

结构图
14cm
38cm
44cm

鼻子编织图
橙色
（1个）

作品18

【成品规格】帽高14cm，头围44cm

【工　　具】2.5mm可乐钩针

【材　　料】红色毛线100g，绿色、白色和橙色毛线少许，
黑色纽扣2颗

【编织要点】

1.参照帽子编织图，从帽顶起针，起10针长针，分10等份加针，每等份加1针，逐层加针到第9行，第10行到第24行不加减针。

2.参照帽子护耳编织图，将帽子第24行对折，钩左右对称14针，逐层减针钩8行。

3.参照帽子耳朵编织图，钩耳朵2个，在耳朵顶穿流苏。

4.参照眼睛编织图，钩眼睛1对装饰在帽子上，眼珠处缝合黑色纽扣。

5.参照鼻子编织图，钩鼻子1个。

6.在护耳尖端编织2条彩色绑带。

作品19、20

【成品规格】帽高15cm，头围44cm

【工　　具】2.5mm可乐钩针

【材　　料】绿色毛线100g，黑色、白色、
蓝色和橙色毛线少许

【编织要点】

1.参照帽子编织图，从帽顶起针，起10针长针，分10等份加针，每等份加1针，逐层加针到第9行，第10行到第19行不加减针。

2.参照帽子护耳编织图，从帽子第19行对折，钩左右对称14针，逐层减针钩8行。

3.参照帽子耳朵编织图，钩耳朵2个，在帽顶穿流苏。

4.参照眼睛的编织图，眼睛为3层组成，钩眼睛1对装饰在帽子上。

5.参照鼻子的编织图，钩鼻子1个。

6.在帽口钩1行黑色短针，在护耳尖端编织2条彩色绑带。

帽子护耳编织图
左右护耳对称
（绿色）
←8
←5
（绿色）
←1
14针
←19
围绕第9行不加减针圈钩一直到第19行
←10

帽子编织图（黑色）
→9

鼻子编织图
橙色
（1个）

结构图

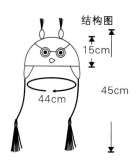

15cm

45cm

44cm

耳朵编织图

（2个）黑色 最后1行收成1针

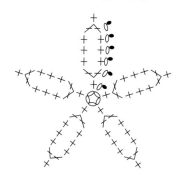

眼睛编织图

分三层，底层为白色，中间层为蓝色，
上层为黑色

白色
（2个）

蓝色
（2个）

黑色
（2个）

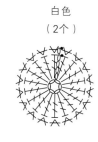 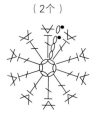 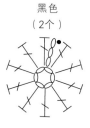

作品21

【成品规格】帽高16cm，头围46cm

【工　　具】3.0mm钩针

【材　　料】白色毛线50g，蓝色毛线少许

【编织要点】

从帽顶起钩，将线绕左手食指一圈，插钩起钩1锁针，然后起
3针立针，起钩长针圈，一圈钩织10针长针，开始引拔，然后
起第2行的立针，3针锁针，再在1长针内加针钩织2长针，一圈
后针数加倍，共20针，完成引拔，第3行起3立针，然后在第1针
内加针，隔1长针再加针，一圈加针10针，总针数为30针，第
4行同样在第1针位置加1针，然后隔2针再加针，一圈加10针，
共40针，第5行开始不再加减针，将长针行钩织至14行，最后
改用蓝色线，沿边钩织一圈短针，完成后收针。

帽子编织图

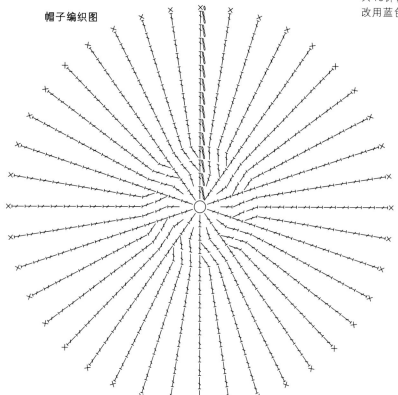

结构图

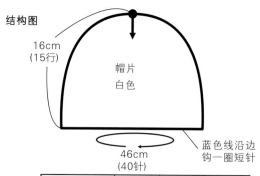

16cm
(15行)

帽片
白色

46cm
(40针)

蓝色线沿边
钩一圈短针

行数	总针数	加针数	颜色
1	10	0	白色
2	20	+10	
3	30	+10	
4	40	+10	
5~14(10行)	40	0	
15	40	0	蓝色

作品22

【成品规格】帽高15cm，头围40cm，裤长15cm

【工　　具】2.5m可乐钩针

【材　　料】白色毛线220g，蓝色和红色毛线少许

【编织要点】

1.参照帽子编织图，从帽顶起针，起10针长针，分10等份，每等份加1针逐层加针到第9行，第10行直到第13行不加减针。第14行起每8针减1针，连续减2行。第15行起用蓝色毛线钩短针，每等份减1针。第16行和第17行不加减针。

2.参照帽子蝴蝶结编织图，钩红色蝴蝶结一个缝合在帽侧。

3.参照裤子编织图，从中间起6针锁针，每行左右加1针长针，前片在第7行后不加针，左右各延伸5针。后片在第8片不加针，左右各延伸4针。前片第9行留扣眼。在裤子外围钩1行蓝色短针。

4.用蓝色毛线在裤子后片围绕曲线钩长针，在1针上钩3针长针形成卷曲的效果。

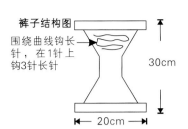

裤子结构图

围绕曲线钩长针，在1针上钩3针长针

30cm

20cm

 帽子蝴蝶结编织图

1个，红色，中间对折，用红色毛线圈住

10

5

1

结构图

15cm

40cm

帽子编织图（白色）

蓝色

15

10

裤子编织图

10

扣眼

5

1
1

5

10

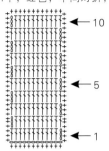

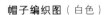

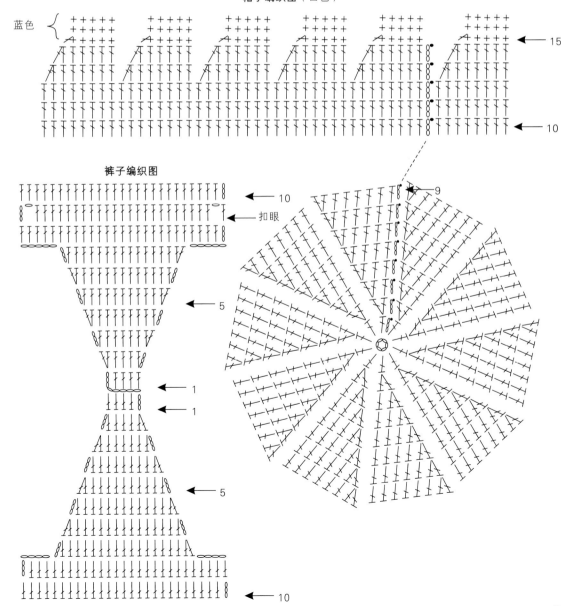

9

作品23

【成品规格】帽高10cm，头围40cm

【工　　具】3.0mm可乐钩针

【材　　料】橙色毛线120g，蓝色毛线少许，纽扣6颗

【编织要点】

1.参照编织图，用橙色毛线起12针锁针，第2行钩12针长针，一直钩到第25行，第26行、第28行和第30行留扣眼。方便加紧或松开。

2.参照装饰小花编织图，分6个步骤钩小花。钩完后，将小花缝合在帽子的侧面。

装饰小花编织图
（蓝色）

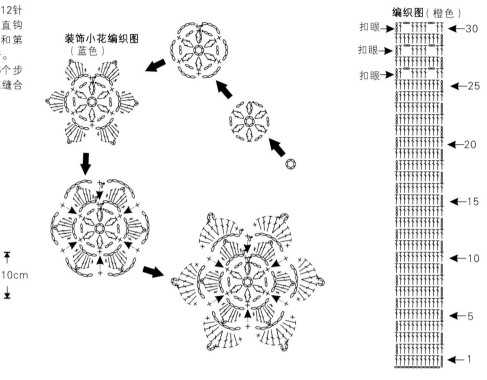

编织图（橙色）

扣眼 →　　← 30
扣眼 →
扣眼 →　　← 25
　　　　　← 20
　　　　　← 15
　　　　　← 10
　　　　　← 5
　　　　　← 1

结构图

10cm

40cm

作品24

【成品规格】帽高15cm，头围40cm

【工　　具】3.0mm可乐钩针

【材　　料】白色棉线100g，黄色毛线少许

【编织要点】

1.参照编织图，用白色毛线从帽顶起织，分7等份加针，逐层加针到第14行，每行加7针短针。第15行到第25行不加减针。第25行用黄色的线钩编。

2.参照帽子的装饰花编织图，钩1朵立体花装饰在帽侧，第1层花瓣为黄色，第2层花瓣为白色，第3层花瓣为黄色。钩完后缝合在帽侧。

帽子装饰花朵编织图

（3层花瓣，第2层花瓣为白色）

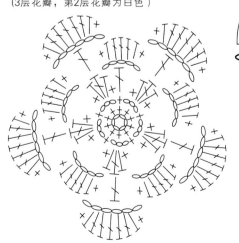

结构图

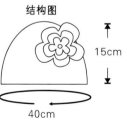

15cm

40cm

帽子编织图(白色，最后1行黄色)

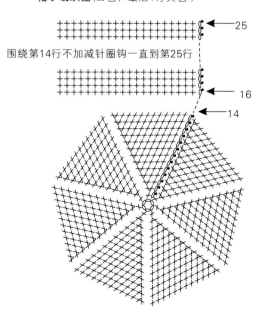

← 25

围绕第14行不加减针圈钩一直到第25行

← 16

← 14

78

作品25

【成品规格】帽高15cm，帽宽20cm

【工　　具】3.5mm可乐钩针

【材　　料】白色和黄色乐谱线各50g

【编织要点】
从帽顶起钩，线绕左手食指一圈，在圈内起钩6针短针，引拔，拉紧线圈，第1行完成。然后第2行钩9针，即每2针内加1针，加3次，总针数为9针。第3行，每3针加1针，加3次，总针数12针，依照编织图加针钩织，加针行钩至第9行，总针数为48针，此后不加减针，钩织至15行。第16行改用白色线钩织一圈，然后分开护耳和帽沿各自编织，两护耳在后帽沿相隔6针钩织。前沿相隔26针，护耳两侧减针，每一行两边各减1针，钩织4行完成。帽前沿无加减针，将26针钩织7行后收针。帽子完成。

帽片结构图

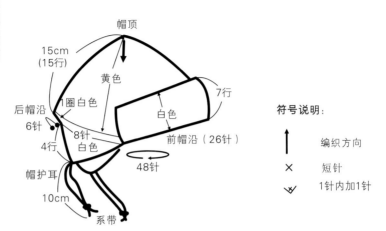

符号说明：

↑　　编织方向

×　　短针

ᐱ/　　1针内加1针

帽前沿编织图（白色）

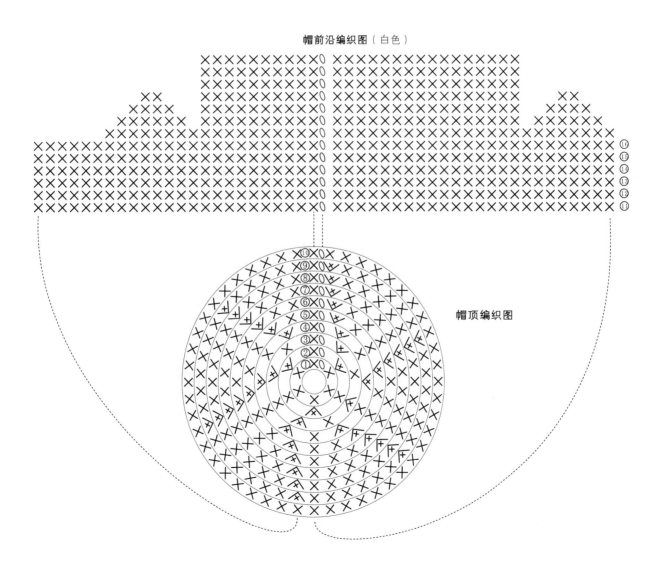

帽顶编织图

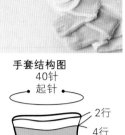

手套结构图

40针
起针

2行
4行
2行
14行
2行
2行
14行
8针

系带

袜子结构图

36针
起针

2行
32行
2行
18行
30行

作品26、27

【成品规格】手套长13cm，袜子长22cm

【编织密度】20针x30行=10cm²

【工　　具】8号棒针

【材　　料】粉红色毛线60g，白色毛线20g

【编织要点】

手套编织：

1.从手套口起40针，首尾相连圈状编织，先用白色毛线编织2行下针，再换粉红色毛线往上编织4行下针，依次照手套结构图及手套编织图所示，编织完整手套。

2.制作系带，穿在手套相应位置处。

袜子编织：

1.从袜子口起36针首尾相连圈状编织，先用白色毛线编织2行下针，再换粉红色毛线往上编织32行下针，后依照编织图编织好后跟。

2.袜面尖端减针编织，缝合袜尖部位。

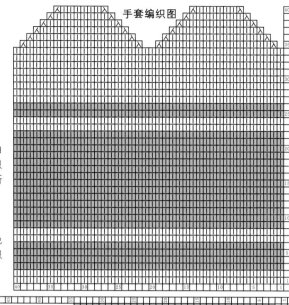

手套编织图

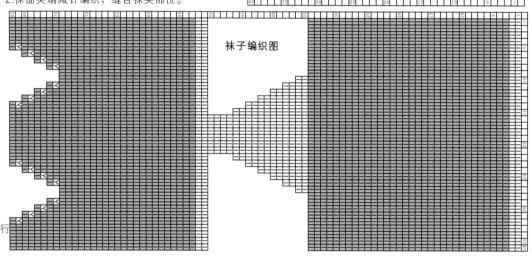

袜子编织图

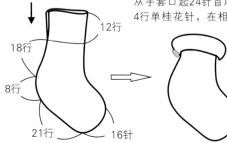

袜子结构图

28针
起针

12行
18行
8行
21行　16针

作品28、29

【成品规格】袜子长17cm，手套长12cm

【编织密度】20针x30行=10cm²

【工　　具】8号棒针

【材　　料】粉红色毛线60g

【编织要点】

袜子编织：

1.从袜子口起28针，片状编织14行上针，再往上圈状编织18行单桂花针，后跟编织8行，再往上依照花样编织图编织袜面，缝合袜尖，两边各8针。

2.在鞋口后边缝纽扣。

手套编织：

从手套口起24针首尾相连圈状编织，先编织8行上针，再往上编织4行单桂花针，在相应位置编织大拇指套，再往上编织完整手套。

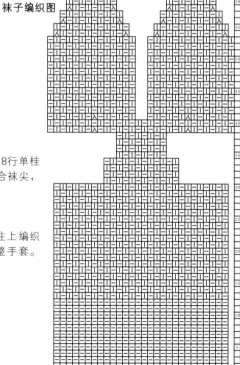

袜子编织图

80

手套结构图

24针
起针

8行

4针

8行

28行

大拇指

大拇指套编织图

手套编织图

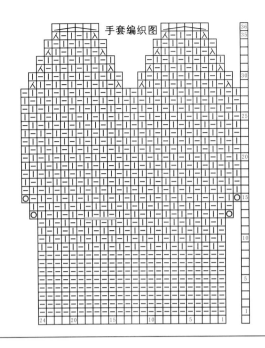

作品30

【成品规格】手套长16cm

【编织密度】20针x30行=10cm²

【工　　具】8号棒针

【材　　料】米白色毛线60g

【编织要点】

1.从手套口起32针，首尾相连圈状编织，先编织16行单罗纹，再往上编织24行下针，并在手套尖部位依照编织图进行减针编织，最后剩下2针并1针断线。

2.钩织耳朵4片，在每只手套相应位置固定2片。

3.缝上眼睛、嘴巴与胡须。

结构图

32针
起针

单罗纹
编织

16行

下针
编织

24行

耳朵

8行

1-1-7

2针并1针

耳朵编织图

编织图

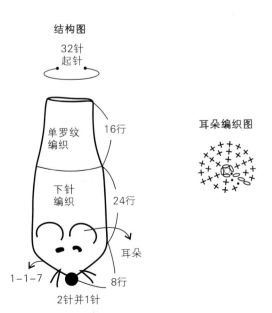

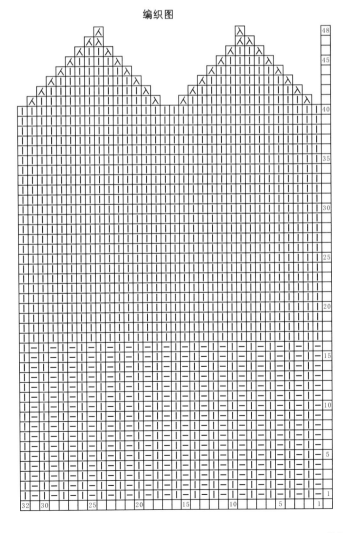

作品31

【成品规格】鞋子高14cm，鞋底长9cm
【编织密度】20针x30行=10cm²
【工　　具】8号棒针
【材　　料】粉色、白色、蓝色毛线各40g

【编织要点】
1.从鞋底圈状起20针，依照编织图所示，前后加针编织10行上下针后，后跟部位不加减针编织，前面部位依照编织图所示减针编织，编织8行上下针后剩26针，往上编织24行单罗纹。
2.鞋底部位对折固定。

结构图

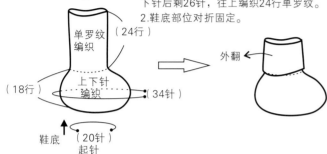

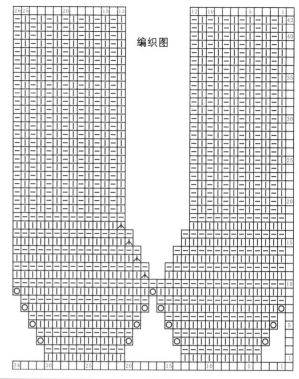

编织图

作品32、33

【成品规格】鞋子高14cm，鞋底长13cm
【编织密度】20针x30行=10cm²
【工　　具】8号棒针
【材　　料】白色毛线50g，蓝色毛线20g

【编织要点】
1.从鞋口起48针首尾相连圈状编织，先用白色毛线编织6行双罗纹，再换蓝色毛线编织3行双罗纹，白、蓝每3行交替编织到第28行。
2.依照编织图编织后跟，再依次往上按照编织图减针编织鞋面，并把剩余4针对折缝合。

结构图

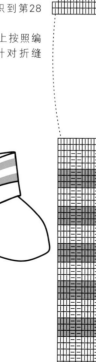

编织图

后跟

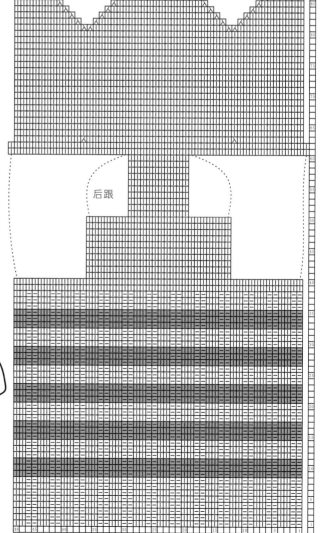

作品34

【成品规格】鞋底长14cm，鞋面高12cm

【编织密度】20针x30行=10cm²

【工　　具】8号棒针

【材　　料】玫红色毛线30g，红色毛线10g

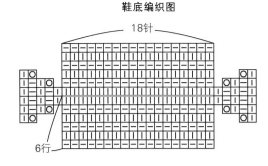

鞋底编织图

结构图

30针

32行

56针

鞋底

【编织要点】

1.编织鞋底：用红色毛线起18针，圈状编织6行上下针，并在鞋尖与鞋后跟处进行加针，共加至56针。

2.用玫红色毛线在鞋底周围挑56针，依照鞋面花样图所示，编织6行下针，再在鞋前面部位进行减针，减针后剩下30针，往上编织12行下针，最后用红色毛线编织2行下针收针。

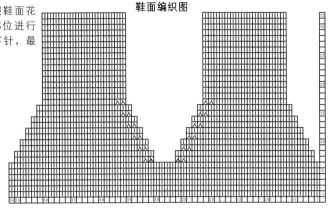

鞋面编织图

作品35

【成品规格】鞋底长11cm，鞋面高5cm

【编织密度】20针x20行=10cm²

【工　　具】8号棒针

【材　　料】淡紫色毛线30g

【编织要点】

1.鞋底从后跟起6针，编织16行上下针，上面2行减2针。

2.从鞋口起36针，在前面部位加针，每行加3针共加4次即12针，再往上编织6行单罗纹，并固定在鞋底上。

3.在鞋口挑针钩织2行短针，并编织鞋带，缝合在鞋子内侧，在鞋子外侧缝纽扣。

结构图

36针
起针

8行

鞋底

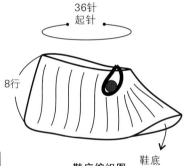

鞋底编织图

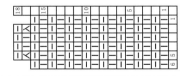

鞋面编织图

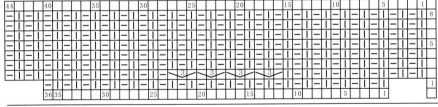

作品36

【成品规格】鞋底长13cm，鞋面高10cm

【工　　具】2.5mm钩针

【材　　料】淡黄色毛线30g，橘红色毛线5g

【编织要点】

1.鞋底的钩法：第1行起13针锁针，1针起立针，钩6针短针，1针中长针，17针长针，1针中长针，10针短针，引拔。第2行，3针起立针，如图圈圈钩，注意中间有短针和中长针的过渡。鞋尖加针5针，鞋后跟加针3针。第3行起3针立针，鞋头加针10针，鞋后跟加针6针。

2.鞋面的钩法：在鞋底的基础上，往上挑针钩针4行短针，再依照编织图在鞋前面中心处进行减针编织。

结构图

鞋面

效果图

鞋底

鞋底编织图

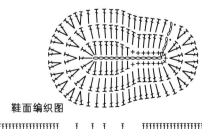

鞋面编织图

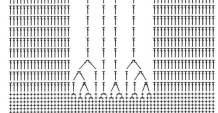

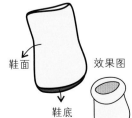

作品37

【成品规格】鞋底长13cm，鞋面高7cm

【工　　具】2.5mm钩针

【材　　料】淡蓝色毛线30g，深蓝色毛线10g

【编织要点】

1.鞋底的钩法：起13针锁针，1针立针，圈钩28针短针，第2行同样钩短针，余下行数加针方法依照鞋底编织图所示进行编织。

2.鞋面的钩法：依照鞋面编织图所示，进行鞋面编织，并在前面中心部位进行减针，编织鞋舌、左右侧面及后跟。

3.在鞋口及鞋舌边缘钩织一圈短针，在鞋底边缘钩织一圈短针。

4.编织鞋带，穿插在左右侧面相应位置。

鞋底编织图

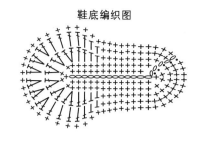

结构图

鞋舌

鞋面编织图

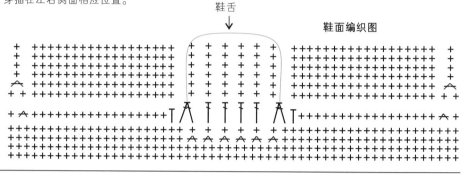

作品38

【成品规格】鞋底长14cm，鞋面高10cm

【编织密度】20针x30行=10cm²

【工　　具】8号棒针

【材　　料】朱红色毛线60g，红色毛线20g

【编织要点】

1.从鞋后跟起5针，片状编织，依照鞋底编织图所示，进行加针编织22行。

2.从鞋底往上挑针编织56针，往上编织6行后，在鞋前面中心处往上挑10针，编织10行上针，与鞋面侧缝缝合，后与剩下的26针一起往上编织18行上针。

结构图

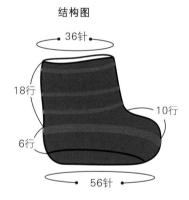

鞋底编织图

鞋面编织图

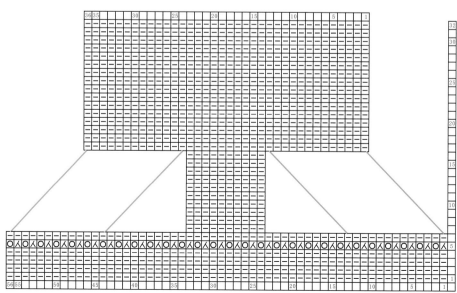

作品39

【成品规格】鞋底长12cm，鞋面高5cm

【工　　具】2.5mm钩针

【材　　料】黄色段染毛线40g

【编织要点】

1.鞋底的钩法：第1行起17针锁针，1针立针，圈钩36针短针。第2行起1针立针，如图圈钩，注意中间有短针和中长针的过渡。鞋头加针3针，鞋后跟加针1针。第3行起1针立针，如下图圈钩，其余3行分别依照鞋底编织图所示进行加针编织。

2.鞋面的钩法：在鞋底的基础上，往上挑针钩织一行长针，再依照鞋面编织图所示进行减针编织。

3.在鞋口钩织一圈鞋沿。

4.钩织鞋带，穿插在鞋口相应位置。

鞋底编织图

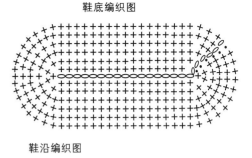

鞋沿编织图

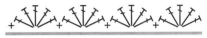

鞋面编织图

结构图

鞋带　　鞋沿

鞋面　　鞋底

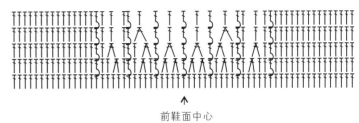

↑
前鞋面中心

作品40

【成品规格】鞋底长14cm，鞋面高10cm

【编织密度】20针×30行=10cm²

【工　　具】8号棒针

【材　　料】绿色毛线40g

【编织要点】

1.从鞋底中心起18针，圈状编织下针，依照鞋底编织图所示，进行加针编织6行，外圈为48针。

2.沿着鞋底边缘，依照鞋面编织图所示进行编织。

3.编织鞋带，安装在鞋子相应位置处。

鞋底编织图

18针　　　6行

鞋面编织图

结构图

26针

16行

48针

作品41

【成品规格】鞋底长10cm，鞋面高6cm

【工　　具】2.5mm钩针

【材　　料】浅绿色毛线30g

【编织要点】

1.鞋底的钩法：第1行起11针锁针，1针立针，圈钩24针短针，引拔。第2行起1针立针，如下图圈钩，注意中间有短针和中长针的过渡。鞋头加针3针，鞋后跟加针1针第3行起1针立针，如图圈钩，鞋头加针6针，鞋后跟加针4针，后两行编织方法依照鞋底编织方法进行编织。

2.鞋侧和鞋面的钩法：在鞋底的基础上，先挑针钩织2行短针，再鞋前面部位依照鞋面编织图所示进行减针，并编织鞋舌及左右侧面。

3.在鞋底边缘钩织一行短针。

4.用扁带做鞋带，穿插在鞋子相应位置。

鞋底编织图

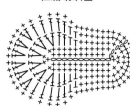

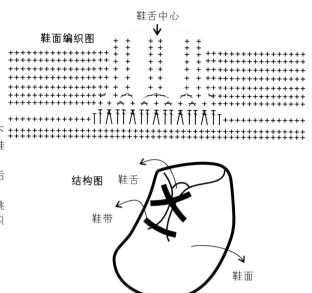

鞋舌中心

鞋面编织图

结构图　鞋舌

鞋带

鞋面

鞋底

作品42

【成品规格】鞋底长12cm，鞋面高20cm

【编织密度】20针x20行=10cm^2

【工　　具】8号棒针

【材　　料】蓝色毛线30g

【编织要点】

1.从鞋底中心起18针，圈状编织下针，依照鞋底编织图所示，进行加针，编织6行，外圈为48针。

2.沿着鞋底边缘，依照鞋面编织图所示进行编织，鞋侧10行，在前鞋面中心处编织10针，再编织10行下针，与后侧剩余针共30针一起编织花样。

3.编织鞋带，缝在鞋子相应位置处。

结构图

38针

26行

10行

鞋带

48针

效果图

鞋底编织图

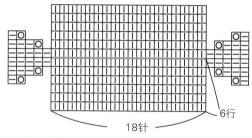

18针

6行

鞋面编织图

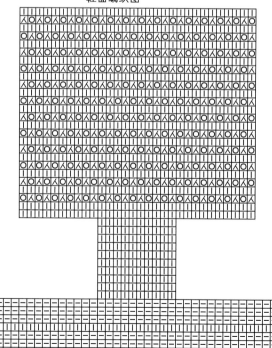

作品43

【成品规格】鞋底长9cm，鞋面高12cm

【工　　具】3.5mm钩针

【材　　料】灰色毛线50g，白色毛线适量

【编织要点】

1.鞋底的钩法：第1行，起针11针锁针，1针起立针，圈钩24针短针。第2行，1针起立针，如图圈钩，注意中间有短针和中长针的过渡。鞋头加针3针，鞋后跟加针1针。第3行，1针起立针，如鞋底编织图圈钩，鞋头加针6针，鞋后跟加针4针。

2.鞋面的钩法：在鞋底的基础上，先钩织一行长针，后跟处减2针，依照鞋面编织图编织完整鞋面。

3.依照鞋襻编织图所示，起20针辫子针，向上编织8行短针，并用白线在鞋襻边缘钩织一圈逆短针，缝合在鞋子内侧面，用扣子固定在外侧面。

结构图

鞋襻

鞋面

鞋底

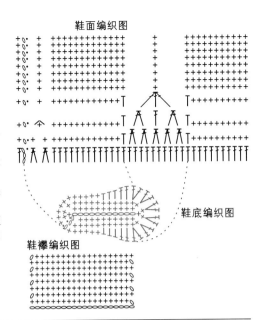

鞋面编织图

鞋底编织图

鞋襻编织图

作品44

【成品规格】鞋底长8cm，鞋面高5cm

【编织密度】20针x30行=10cm²

【工　　具】8号棒针

【材　　料】深灰色毛线30g

【编织要点】

1.从鞋口起38针，圈状编织，依照结构图所示，先编织2行上针，再往上不加减针编织2行下针，第5行在鞋面中间对称处加2针，即40针，第6行编织40针，第7行在前面部位共加4针，即44针，然后依照编织图所示进行减针，鞋底剩余22针，对称缝合。

2.依照鞋带编织图所示，起3针，编织18行下针，编织好后，固定在鞋子内侧鞋口处，再缝纽扣固定。

鞋带编织图

结构图

鞋口
（38针）
起针

鞋带
（2行）

鞋后跟
（22行）

鞋前面

（44针）

鞋底（11针）

鞋底

鞋底

编织图

鞋前面

鞋后跟

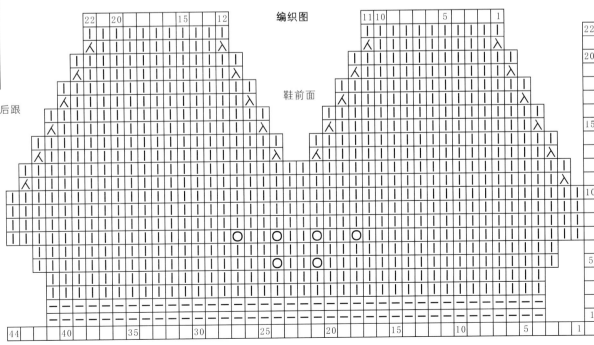

鞋口

作品45

【成品规格】鞋底长10cm，鞋面高4cm

【编织密度】38针x40行=10cm²

【工　　具】3号棒针

【材　　料】白色细毛线30g，其他颜色毛线适量

【编织要点】

1.鞋子是从后跟起12针，依照鞋面编织图所示减针编织24行单桂花针。

2.在鞋底上挑76针，依照鞋面编织图所示圈状编织鞋面。

3.编织耳朵与尾巴，缝合在鞋子相应位置，并在前鞋尖缝上眼睛及嘴巴。

耳朵编织图　尾巴编织图　结构图

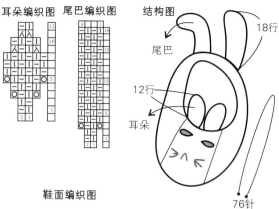

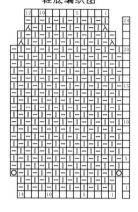

鞋底编织图

鞋面编织图

作品46

【成品规格】袜子长14cm

【编织密度】20针x30行=10cm²

【工　　具】10号棒针

【材　　料】绿色毛线20g，白色毛线20g

【编织要点】

1.从袜口起24针，圈状编织，依照编织图所示绿色与白色2行交替编织，并分别进行加减针编织。

2.缝合袜尖处。

结构图

编织图（1/2）

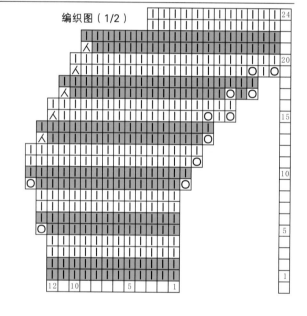

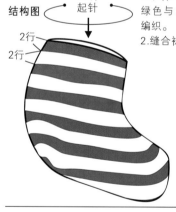

作品47

【成品规格】袜子长14cm

【编织密度】20针x30行=10cm²

【工　　具】8号棒针

【材　　料】咖啡色毛线20g，米色毛线20g

【编织要点】

袜子从袜口起28针圈装编织，依照编织图所示颜色，交换编织8行单罗纹，再每种颜色交替2行编织下针，共编织22行，然后依照编织图所示，进行加针编织后跟，共加6行，再依照编织图所示交替编织12行下针，在袜前部位进行减针编织，依照袜前编织图所示减针后剩余8针，对折缝合固定。

（编织图见下页）

结构图

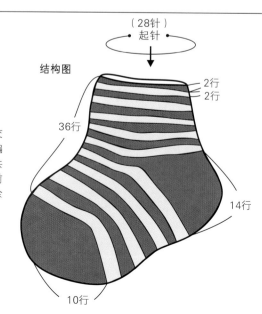

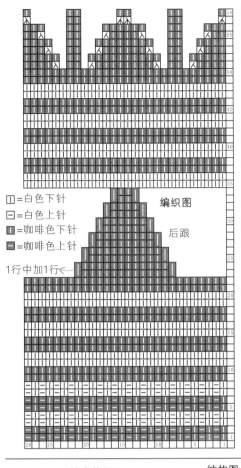

□=白色下针
⊟=白色上针
▨=咖啡色下针
▨=咖啡色上针

1行中加1行←

编织图
后跟

作品48

【成品规格】袜底长12cm，袜面高15cm
【编织密度】20针x30行=10cm²
【工　　具】8号棒针
【材　　料】白色毛线30g
【编织要点】
1.袜底从袜底中心起24针，圈状编织，依照袜底编织图所示，进行加针编织6行。
2.从袜口起40针，编织30行单罗纹，再往上编织20行上下针，在袜尖部位进行加针，在左右袜侧进行挑针后，共60针，编织8行。
3.编织袜带，起4针，编织22针上下针。
4.缝合袜面、袜侧及后跟中线处。

袜面编织图

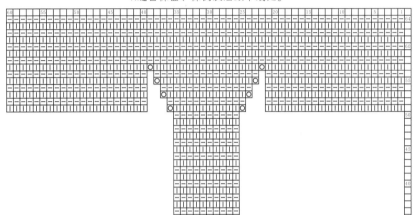

袜底编织图
24针
6行

结构图
40针
起针
30行
22行
40针
14行
纽扣
10针
20行
60针

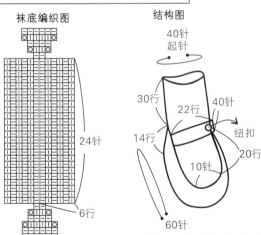

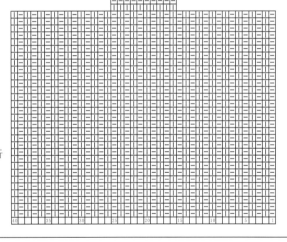

作品49

【成品规格】袜子长25cm
【编织密度】20针x30行=10cm²
【工　　具】8号棒针
【材　　料】绿色毛线40g，红色、蓝色、黄色、
　　　　　　粉色毛线各适量
【编织要点】
从袜口起36针首尾相连圈状编织，先用绿色线编织40行上下针，再换红色线编织4行上针，然后分别换蓝色、黄色、粉色毛线，交替编织4行，然后依照编织图加减针编织后跟及鞋面，并把剩余20针对折缝合。
（编织图见下页）

结构图
36针
起针
40行
上下针编织
4行
4行
4行
4行

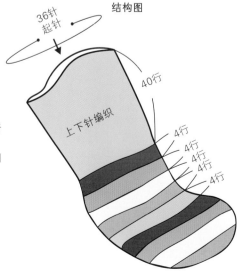

编织图

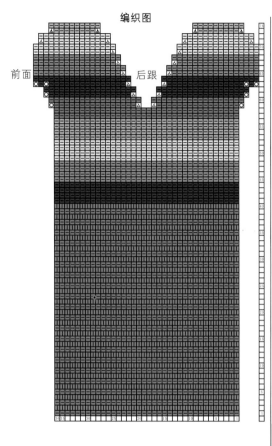

前面　后跟

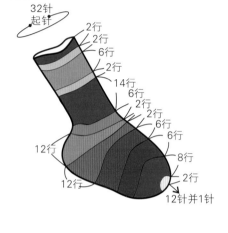

作品50

【成品规格】袜子长20cm

【编织密度】20针x30行=10cm²

【工　具】8号棒针

【材　料】各色毛线适量

【编织要点】

从袜口起32针首尾相连圈状编织，先编织26行双罗纹，再往上编织8行下针，在袜跟处加行编织，再依次依照编织图所示进行减针，最后剩12针并1针（注：依照结构图颜色进行配色编织）。

结构图

32针起针

2行
2行
6行
2行
14行
6行
2行
2行
6行
6行
12行
8行
12行
2行
12行
12针并1针

编织图

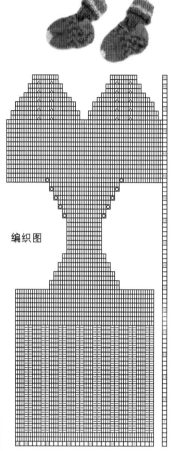

作品51

【成品规格】袜子长15cm

【编织密度】20针x30行=10cm²

【工　具】8号棒针

【材　料】浅灰色毛线60g，彩色毛线少量

【编织要点】

1.从袜口起28针首尾相连圈状编织，先编织6行上下针，再往上编织9行下针，1行上针，在袜跟处加行编织，再依次依照编织图所示进行减针，最后剩4针并1针。

2.用彩色毛线对齐，依照结构图图案挑入袜口面部，形成花样。

编织图

结构图

28针
起针

16行

34针

16行

30行

4针

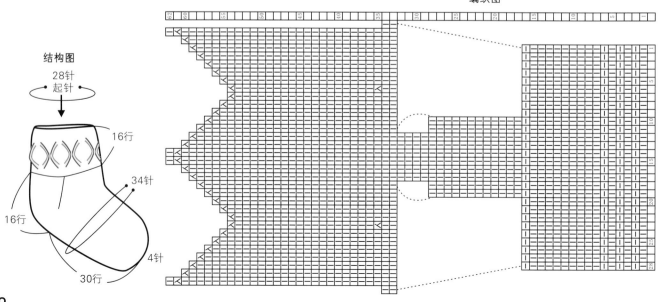

作品52

【成品规格】袜子长36cm
【编织密度】20针x30行=10cm²
【工 具】8号棒针
【材 料】各色毛线适量

【编织要点】
从袜口起40针首尾相连圈状编织，先编织16行双罗纹，再往上编织44行下针，在袜跟处加行编织，再依次依照编织图所示进行减针编织袜面及袜尖（注：每种颜色编织4行，交替轮流编织），袜尖处8针对称缝合。

编织图

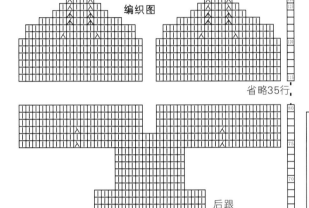

省略35行

后跟

省略30行

耳朵编织图

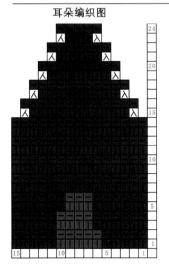

结构图

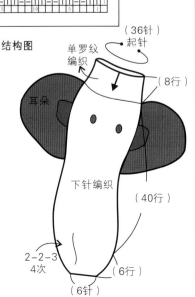

单罗纹
编织

耳朵

下针编织

（36针）
起针

（8行）

（40行）

2-2-3
4次

（6针）

（6行）

结构图

40针
起针

4行
4行
4行
4行
4行
4行

16行

44行

18行

40行

32针

8针

8针

作品53

【成品规格】袜子长22cm
【编织密度】20针x30行=10cm²
【工 具】8号棒针
【材 料】浅灰色毛线50g，深紫色毛线10g，
玫红色毛线适量

【编织要点】
1.编织袜子主体：从袜口起36针，圈状编织8行单罗纹，往上编织40行下针，并依照结构图及编织图所示，进行减针，共减24针，然后缝合固定袜前处。
2.编织耳朵：起15针上下针，两边5针分别是深紫色，中间5针为玫红色，依照耳朵花样图所示进行编织，共编织4片，编织完成后，每个袜子左右侧缝分别缝合一片。

编织图

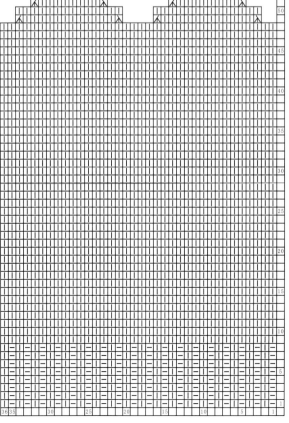

作品54

【成品规格】袜子长17cm

【编织密度】20针x30行=10cm²

【工　　具】8号棒针

【材　　料】红色毛线50g，白色毛线20g

【编织要点】

从袜口起32针，首尾相连圈状编织，先用红色毛线编织4行双罗纹，再换白色毛线编织2行双罗纹，红、白每2行交替编织22行，依照后跟编织图编织后跟，再依次往上按图编织袜面，并把剩余6针对折缝合。

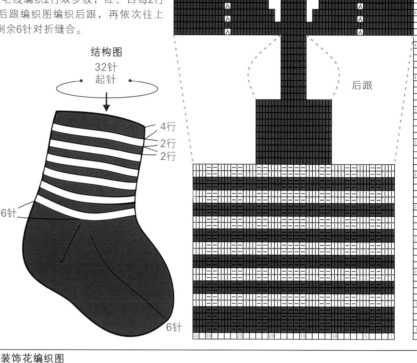

编织图

作品55

【成品规格】袜子长12cm

【编织密度】20针x30行=10cm²

【工　　具】8号棒针

【材　　料】绿色、红色、白色毛线各25g

【编织要点】

1.从袜口后跟半边起20针片状编织，先用红色毛线编织10行单罗纹，再换绿色毛线编织2行单罗纹，再换白色毛线编织2行，绿色与白色毛线分别交替编织4行后，再用绿色毛线编织4行，然后用红色毛线编织12行；袜底用绿色毛线编织20行，再换红色毛线编织12行为袜尖，依照第三部分配色编织袜面。

2.依照袜子结构图进行缝合。

3.编织装饰花，并固定在袜子外侧。

结构图

32针
起针

4行
2行
2行

6针

6针

装饰花编织图

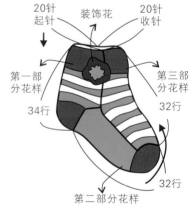

结构图

20针
起针

装饰花

20针
收针

第一部分花样

34行

第三部分花样

32行

32行

第二部分花样

第一部分花样

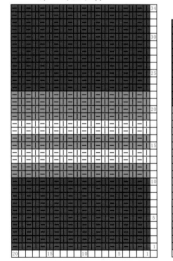

第二部分花样

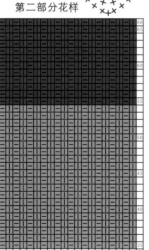

第三部分花样

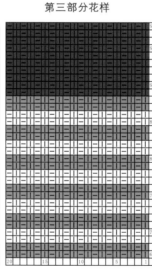

作品56

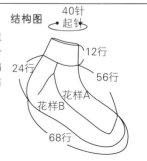

【成品规格】袜子长22cm

【编织密度】20针x30行=10cm²

【工　　具】8号棒针

【材　　料】红色毛线40g

【编织要点】

从袜口起40针，首尾相连圈状编织，编织12行单罗纹，再往上分两部分，一部分24针，一部分16针，24针为前面部分，编织花样A，16针为后跟及袜底部位，依照结构图及花样B所示进行编织，编织完整后，把花样A及花样B尖端部位缝合。

结构图

40针
起针

12行

24行

56行

花样A

花样B

68行

（花样编织图见下页）

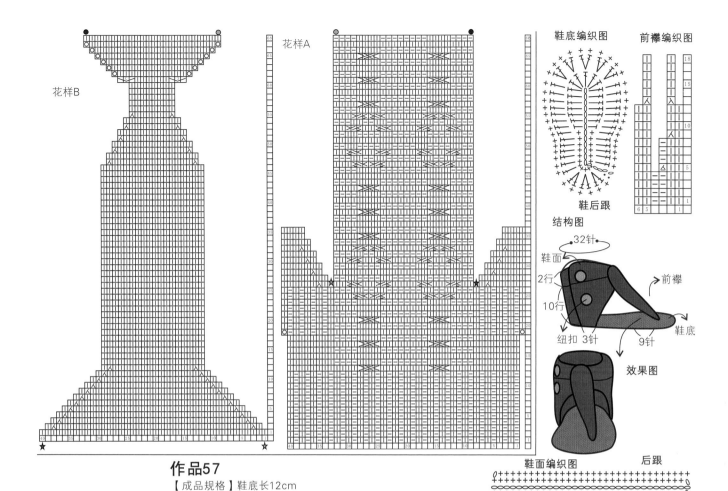

花样B

花样A

鞋底编织图

前襻编织图

鞋后跟

结构图

32针

鞋面

2行

10行

纽扣 3针

前襻

鞋底

9针

效果图

鞋面编织图

后跟

鞋面编织图

后跟

作品57

【成品规格】鞋底长12cm

【编织密度】20针x30行=10cm²

【工　　具】3.5mm钩针，8号棒针

【材　　料】驼色毛线20g，粉色毛线20g，木质纽扣4颗

【编织要点】

1.鞋底的钩法：第1行起13针锁针，1针起立针。第2行，依照鞋底编织图所示，先编织6针短针，后编织1针中长针，再编织5针长针，在最后一针上钩织7针长针，继续编织5针长针、1针中长针、6针短针，在鞋跟最后一针辫子针上加4针短针，引拔。第3行3针辫子

起立针，依照鞋底所示加针编织一圈长针，第4行编织一行短针。

2.钩织鞋面，起32针辫子针，依照鞋面编织图所示进行编织。

3.编织前襻，用棒针起6针，按照鞋襻编织图所示减4针。

4.依照结构图、效果图所示固定鞋子，并在鞋外侧缝上纽扣。

作品58

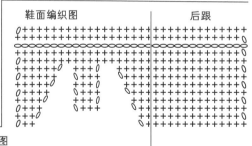

【成品规格】鞋底长12cm

【工　　具】3.5mm钩针

【材　　料】驼色毛线20g，粉色毛线20g，木质纽扣4颗

【编织要点】

1.鞋底的钩法：第1行起13针锁针，起1针立针。第2行依照鞋底编织图所示，先编织6针短针，后编织1针中长针，再编织5针长针，在最后一针上钩织7针长针，继续编织5针长针、1针中长针、6针短针，在鞋跟最后一辫子针上加4针短针，引拔；第3行

3针起辫子立针，依照鞋底编织图所示加针编织一圈长针，第4行编织一行短针。

2.钩织鞋面：起32针辫子针，依照鞋面编织图所示进行编织。

3.编织3条鞋襻，并扭成麻花状。

4.依照结构图所示固定鞋子，并在鞋外侧缝上纽扣。

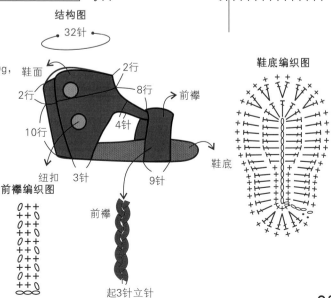

结构图

32针

鞋面

2行

2行

8行

4针

前襻

10行

纽扣

3针

9针

鞋底

前襻编织图

前襻

鞋底编织图

起3针立针

93

作品59

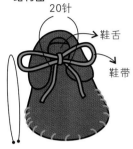

鞋面编织图

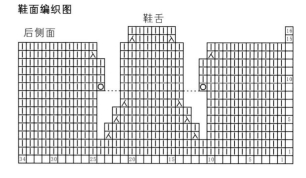

后侧面　　鞋舌

【成品规格】鞋底长10cm，鞋面高6cm

【编织密度】18针×24行=10cm²

【工　　具】8号棒针

【材　　料】驼色毛线40g，蓝色毛线10g

【编织要点】

1.鞋底从后跟起6针，再编织6行下针后，两边各加1针，再编织3行后，两边各减1针，再编织1行。

2.编织鞋面，起34针，圈状编织2行后，在前面鞋舌处进行减针，共减6针，后鞋舌与鞋后侧分开编织，鞋舌往上编织6行后两边各减1针，剩下6针，往上编织1行，收针。鞋后侧在前端两边分别加1针，编织3行后，两边各减1针，往上编织1行，收针。

3.编织鞋带，并缝在鞋侧面前端。

结构图

20针 →鞋舌

→鞋带

34针

鞋底编织图

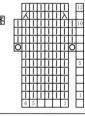

作品60

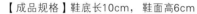

【成品规格】鞋底长10cm，鞋面高6cm

【工　　具】2.5mm钩针

【材　　料】灰色毛线50g，粉红色毛线适量

【编织要点】

1.鞋底的钩法：第1行起9针锁针，起1针立针，圈钩19针短针。第2行，起1针立针，参照鞋底编织图，注意中间短针和中长针的过渡，鞋头加针3针，鞋后跟加针1针。第3行，起1针立针，鞋头加针6针，鞋后跟加针4针，后2行编织方法依照鞋底编织图进行编织。

2.鞋面的钩法：在鞋底的基础上，先不加减针钩织2行短针，往上依次依照鞋面编织图进行减针编织。

3.在鞋子内侧面挑3针，钩织一条鞋带。

4.依照装饰花编织图编织装饰花，并卷成花朵状，固定在鞋面前端。

结构图

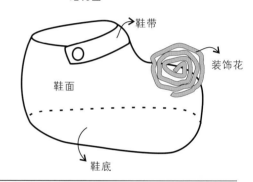

→鞋带

装饰花

鞋面

鞋底

装饰花编织图

鞋面编织图

鞋带编织图

鞋底编织图

作品61

【成品规格】鞋底长16cm，鞋面高6cm

【编织密度】18针×24行=10cm²

【工　　具】8号棒针

【材　　料】黄色段染毛线30g

【编织要点】

1.从后跟起28针，依照结构图及编织图所示，片状平行编织22行后，首尾相连编织6行，再依照编织图减针方法进行减针编织，最后剩下8针，收拢、固定、断线，后跟处对折缝合固定。

2.制作绒球，并缝合固定在鞋面上。

编织图

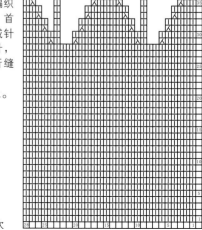

结构图

（22行）　（6行）　（10行）

下针编织

（28针）起针

绒球 2-1-5 4次

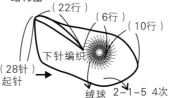

94

作品62

结构图

鞋面
纽扣
鞋襻
饰花
叶子

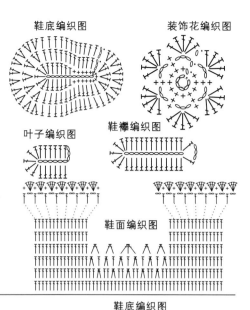

鞋底编织图　装饰花编织图

叶子编织图　鞋襻编织图

鞋面编织图

【成品规格】鞋底长11cm，鞋面高8cm
【工　　具】2.5mm钩针
【材　　料】红色毛线40g，土黄色毛线10g
【编织要点】
1.鞋底的钩法：第1行起11针锁针，起1针立针，钩6针短针、1针中长针、17针长针、1针中长针、10针短针，引拔。第2行起3针立针，参照鞋底编织图圈钩，前鞋头加5针，鞋后跟加针3针。第3行，起3针立针，鞋头加针10针，鞋后跟加针6针。
2.鞋面的钩法：在鞋底的基础上，钩织1行长针，再依照鞋面编织图所示在前鞋头部位进行减针，后跟往上编织花样。
3.编织鞋襻，缝合在鞋前面相应位置处。
4.编织叶子及装饰花，并缝合在鞋前尖相应位置处。

作品63

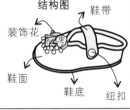

结构图
鞋带
装饰花
鞋面
鞋底
纽扣

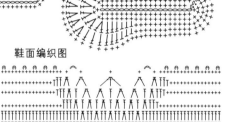

鞋带编织图　鞋底编织图

鞋面编织图

前中心处

【成品规格】鞋底长14cm，鞋面高4cm
【工　　具】2.5mm钩针
【材　　料】白色毛线50g，淡黄色毛线10g，纽扣2颗
【编织要点】
1.鞋底的钩法：第1行起19针锁针、起1针立针，圈钩40针短针。第2行编织一圈短针，鞋尖加3针，鞋后跟加1针，余下分别依照鞋底编织图所示进行编织。
2.鞋面的钩法：在鞋底挑针钩织一行长针，再依照鞋面编织图所示，进行编织，在前鞋面中心处进行减针。
3.在鞋子内侧挑针钩织鞋带，并在外侧缝上纽扣。
4.缝合装饰花。

作品64

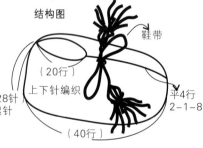

结构图
鞋带
（20行）
上下针编织
（28针）
平4行
2-1-8
（40行）

【成品规格】鞋底长16cm，鞋面高6cm
【编织密度】18针x24行=10cm²
【工　　具】8号棒针
【材　　料】蓝色段染毛线30g
【编织要点】
1.从后跟起28针，依照结构图及编织图所示，片状平行编织起针20行后，首尾相连编织4行，再依照编织图减针方法进行减针编织，最后剩下12针，收拢固定断线，后跟处对折缝合固定。
2.制作鞋带（两端制作绒球），并缝合固定在鞋面上。

编织图

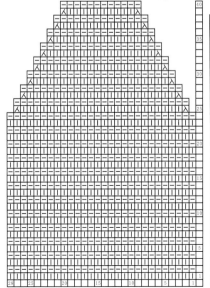

作品65

【成品规格】鞋底长11cm，鞋面高13cm
【编织密度】18针x24行=10cm²
【工　　具】8号棒针
【材　　料】淡紫色毛线60g

【编织要点】
1.从鞋底起15针，依照鞋底编织图所示，圈状编织上下针，两端分别加针编织6行，加针后边缘为42针。
2.编织鞋面，在鞋底基础上往上圈状编织8行单罗纹，然后在前面中心处挑8针，编织6行下针后缝合侧缝，并把剩余的30针往上编织16行元宝针。
3.用扁带做系带，并缝在鞋子相应位置处。

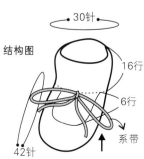

30针
结构图
16行
6行
系带
42针

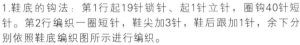

（编织图见下页）

95

鞋面编织图

鞋底编织图

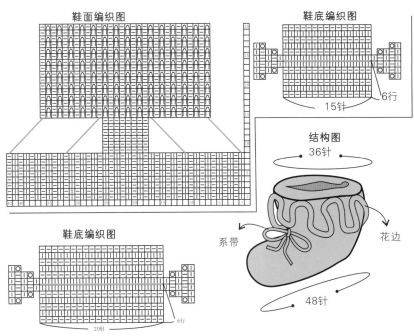

结构图
36针

系带

花边

48针

鞋底编织图

作品66

【成品规格】鞋底长12cm，
鞋面高10cm
【编织密度】20针×30行=10cm²
【工　　具】8号棒针
【材　　料】蓝色毛线40g

【编织要点】
1.从鞋底起20针，依照鞋底编织图所示圈状编织上下针，两端分别加针编织6行，加针后边缘为48针。
2.编织鞋面，在鞋底基础上往上圈状编织8行上下针，后在前面中心处挑10针，编织6行下针后缝合侧缝，并把剩余的36针往上编织16行下针。
3.依照花边编织图编织6行。
4.编织鞋带，并固定在鞋面相应位置。

花边编织图

鞋面编织图

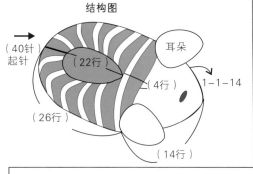

作品67

【成品规格】鞋底长10cm，鞋面高8cm
【编织密度】20针×30行=10cm²
【工　　具】8号棒针
【材　　料】白色、绿色、红色毛线各20g

【编织要点】
1.从后跟起40针，依照花样编织图所示，每编织两行交替换线编织24行下针，然后首尾相连圈状编织40针4行，再依照结构图及花样编织图所示进行减针编织14行，最后一行12针并1针收针，鞋跟处对折缝合固定。
2.编织耳朵，起10针，编织10行下针，共编织两片缝合在鞋子相应位置处。
3.在鞋前相应位置缝合嘴形。

花样编织图

结构图

（40针）
起针

（22行）

（4行）

耳朵

1-1-14

（26行）

（14行）

效果图

鞋边编织图

耳朵编织图

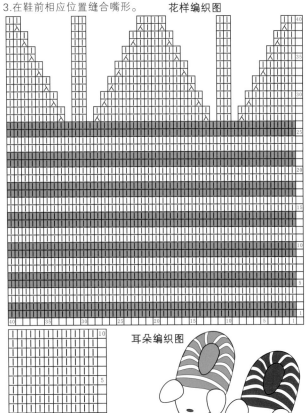

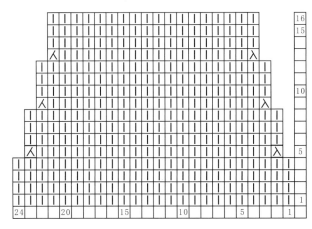

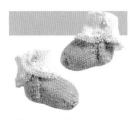

作品68

【成品规格】鞋底长10cm，鞋面高9cm

【编织密度】20针x30行=10cm²

【工　　具】8号棒针，1.0mm蕾丝钩针

【材　　料】粉色毛线30g，白色毛线20g，
白色蕾丝适量

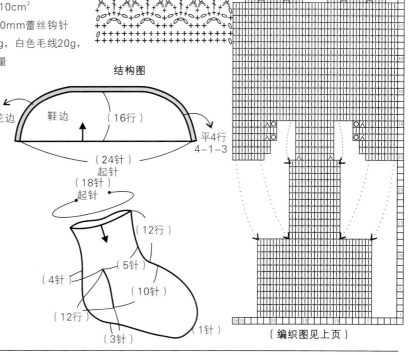

花边编织图

编织图

结构图

【编织要点】

1.从鞋口起18针，依照结构图及编织图所示，圈状编织12行，后跟8针往上编织12行，后左右各减1针。如编织图所示，前鞋面部位挑鞋跟剩余的10针，然后分别依照结构图及编织图所示，左右侧边分别在鞋跟侧缝挑针7针并在相应位置减2针，然后与鞋跟处6针一起圈状编织18行，再依照编织图进行减针，最后6针并1针。

2.编织鞋边，起24针，依照鞋边编织图及编织图所示，在两边分别每4行减1针，共减3次；在鞋边缘挑针钩织一圈花边。

3.把鞋边缝合在鞋口上，并在相应位置缝合纽扣。

鞋边

（16行）

平4行
4-1-3

（24针）
起针
（18针）
起针

（12行）

（5针）

（4针）

（10针）

（12行）

（3针）

（1针）

（编织图见上页）

作品69

【成品规格】鞋底长8cm

【编织密度】18针x24行=10cm²

【工　　具】8号棒针

【材　　料】粉红色毛线40g，
米白色毛线10g

【编织要点】

1.从鞋底起10针，依照鞋底编织图所示，圈状编织，两端分别加针编织6行，加针后边缘为32针。

2.编织鞋面，在鞋底基础上往上圈状编织6行，换米白色毛线在鞋面前端挑6针，编织6行，后分别与前侧面相连，剩下20针为鞋口针数，往上编织16行。

3.在鞋口依照花边编织图所示编织完整花边。

4.编织鞋带，并安装在相应位置处。

花边编织图

结构图

鞋带

花边

鞋底

鞋底编织图

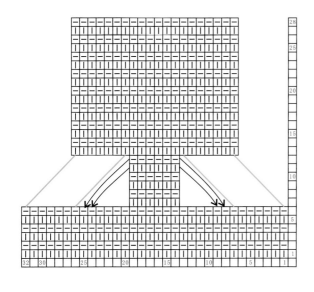

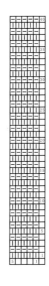

鞋带编织图

鞋面编织图

6行

10针

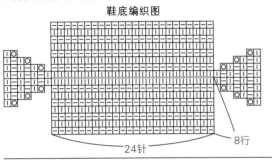

作品70

效果图　　　　　结构图

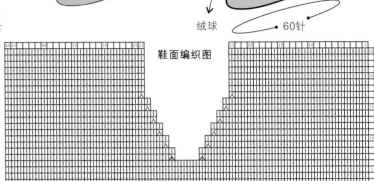

【成品规格】鞋底长15cm，鞋面高10cm

【编织密度】20针x30行=10cm²

【工　　具】8号棒针

【材　　料】绿色毛线30g，红色毛线少许

46针

6行

24行

绒球

60针

【编织要点】

1.从鞋底起24针，依照鞋底编织图所示圈状编织上下针，两端分别加针编织8行，加针后边缘为60针。

2.编织鞋面，在鞋底基础上往上圈状编织6行下针，在前面中心处依图进行减针编织，两边对称各减7针，剩余46针往上片状编织6行下针。

3.制作绒球，并缝合在鞋尖处。

鞋面编织图

鞋底编织图

24针　　　　8行

作品71

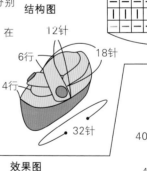

【成品规格】鞋底长8cm，鞋面高5cm

【编织密度】20针x30行=10cm²

【工　　具】8号棒针

【材　　料】粉红色毛线30g，黄色毛线20g，纽扣4颗

鞋底编织图

6行

10针

结构图

12针

6行　　18针

4行

32针

【编织要点】

1.从鞋底起10针，用粉红色毛线依照鞋底编织图所示圈状编织上下针，两端分别加针编织6行，加针后边缘为32针。

2.编织鞋面，在鞋底基础上往上圈状编织6行，换黄色毛线在鞋面上编织4行，在后跟处留18针，两边分别加12针，编织6行作为左右鞋带。

3.在鞋子左右两侧缝上纽扣。

鞋带　　　　后跟　　　　鞋面编织图

12针　　　18针挑针　　　12针

结构图

40行

40针

30针

效果图

前鞋面编织图

作品72

【成品规格】鞋底长10cm，鞋面高10cm

【编织密度】18针x24行=10cm²

【工　　具】8号棒针

【材　　料】土黄色毛线50g，浅灰色毛线20g

【编织要点】

1.从侧边起30针，依照前鞋面编织图所示加行编织。

2.从侧面起40针，依照后鞋面编织图所示，编织40行上下针。

3.依照结构图所示，缝合前鞋面及后鞋面。

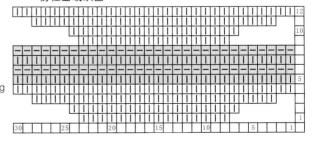

（后鞋面编织图见下页）

后鞋面编织图

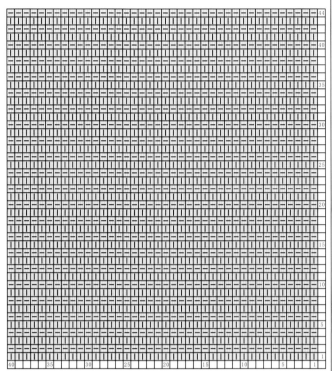

作品73

【成品规格】鞋底长12cm，鞋面高8cm
【工　　具】2.5mm钩针
【材　　料】蓝色毛线60g

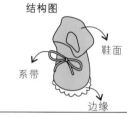

【编织要点】
1.鞋底的钩法：第1行起13针锁针，起1针立针，钩6针短针、1针中长针、17针长针、1针中长针、10针短针，引拔。第2行起3针立针，参照鞋底编织图圈钩，注意中间有短针和中长针的过渡。鞋尖加针5针，鞋后跟加针3针。第3行起3针立针，如图圈钩，鞋头加针10针，鞋后跟加针6针。
2.鞋面的钩法：在鞋底的基础上，往上挑钩3行长针，再依照鞋面编织图所示，在鞋前面中心处进行减针编织。
3.编织系带穿插在鞋子相应位置。
4.在鞋底边缘挑针钩织一圈。

鞋底编织图

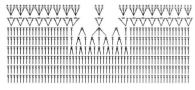

鞋面编织图

结构图

鞋面

系带

边缘

边缘编织图

作品74

【成品规格】鞋底长14cm，鞋面高16cm
【编织密度】20针x30行=10cm²
【工　　具】8号棒针
【材　　料】玫红色毛线30g，白色毛线10g
【编织要点】
1.从鞋底起20针，依照鞋底编织图所示圈状编织下针，两端分别加针编织6行。
2.从鞋口起40针，依照鞋面编织图所示，先编织32行鞋筒，中间留12针往上编织16行，再分别从两边进行加针编织，共加至66针，往上编织10行，依照结构图及鞋面编织图来缝合鞋面。
3.编织耳朵，缝合在鞋面上。
4.在鞋面缝上眼睛、鼻子及嘴巴。

鞋面编织图

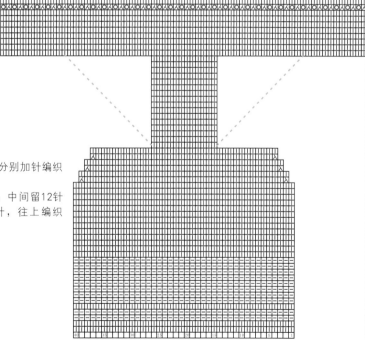

40针
起针

结构图

14行

18行

耳朵

16行

8行

66针

效果图

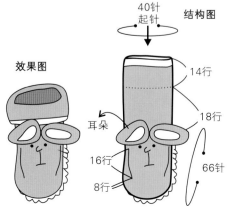

鞋底编织图

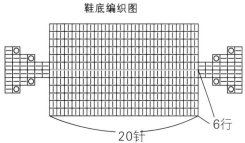

6行

20针

耳朵编织图

作品75

【成品规格】衣长37cm，胸宽33cm，肩宽24cm

【工　　具】10号棒针

【编织密度】37针×53行=10cm²

【材　　料】土黄色丝光棉线400g

【编织要点】

1.采用棒针编织法，由前片2片，后片1片，袖片2片，帽片1片，口袋片2片组成。从下往上织起。

2.前片的编织。由右前片和左前片组成，以右前片为例。

(1)一片织成。单罗纹起针法，起33针，编织花样A，织成8行，开始编织下针，不加减针，织成70行至袖窿。袖窿起减针，平收4针，然后2-1-18，共织36行时至肩部，余11针，收针断线。右侧边挑出88针开始编织门襟，编织花样C，起织12行，同时间隔14针留出5个扣眼，收针断线，右侧门襟完成。

(2)用相同的方法，反方向编织左前片，不同的是门襟处不留扣眼。

3.后片的编织。一片织成。单罗纹起针法，起72针，编织花样A，织成8行，开始编织下针，不加减针，织成70行至袖窿。两侧袖窿起减针，平收4针，然后2-1-18，共织36行时至肩部，余28针，收针断线。

4.袖片的编织。袖片从袖口起织，一片织成。单罗纹起针法，起32针，编织花样，起织22行后，开始编织下针，同时进行袖身侧缝加针，然后5-1-12，8行平坦，编织68行至袖窿。两侧袖山减针，平收4针，然后2-1-18，织成36行至袖边，余12针，收针断线。相同的方法去编织另一袖片。

5.拼接。将前片的侧缝与后片的侧缝和肩部对应缝合。再将两袖片的袖山边线与衣身的袖窿边对应缝合。

6.帽片的编织。沿着前后衣领边，挑出60针，各分30针编织左右帽片，以右帽片为例。编织下针，右侧缝减针，40-1-2，下一行不加减针织8行至领顶。余28针，收针断线。相同的方法，相反的方向去编织左帽片。然后将左右帽顶边对应缝合。帽子完成。

7.口袋的编织。口袋身编织，一片织成。下针起针法，起20针，编织下针，不加减针，织成20行，收针断线。口袋帽编织，一片织成，单罗纹起针法，起10针，不加减针，编织24行，收针断线。将袋身和袋帽的缝合边对应缝合，按图缝合在左右前片相应位置。

8.腰带的编织。一片织成，单罗纹起针法，起10针，不加减针，编织636行，收针断线。衣服完成。

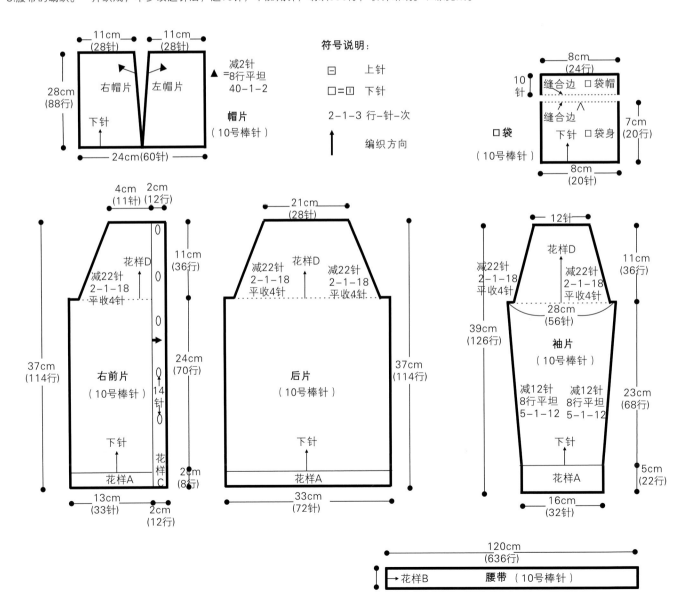

符号说明：

□　上针

□=□　下针

2-1-3 行-针-次

↑　编织方向

花样C(双罗纹)

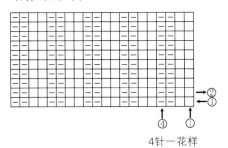

4针一花样

花样B(单罗纹)

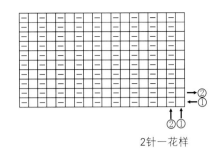

2针一花样

花样A（2针下1针上）

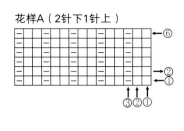

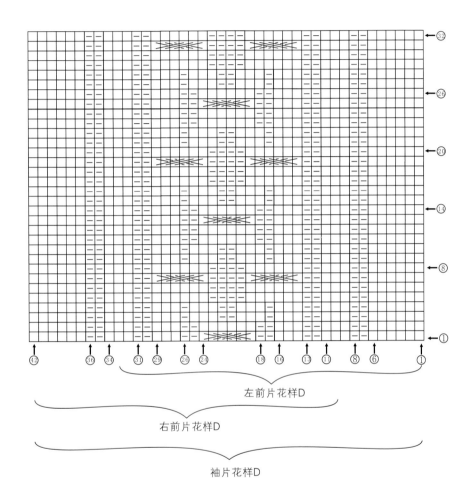

左前片花样D

右前片花样D

袖片花样D

作品76

【成品规格】衣长32cm，下摆宽28cm，
　　　　　　连肩袖长20cm

【工　　具】10号棒针

【编织密度】22针×28行=10cm²

【材　　料】白色毛线400g

【编织要点】

1.毛衣用棒针编织，由一片前片，一片后片，两片袖片组成，从下往上编织。

2.先编织前片。

(1) 用下针起针法，起62针，先织28行双罗纹后，改织花样A，侧缝不用加减针，再织6行至插肩袖窿。

(2) 袖窿以上的编织。插肩袖窿减针，方法是每4行减1针减10次，每2行减1针减8次，各减18针，至顶部余26针，收针断线。

3.编织后片。后片的编织方法与前片一样。

4.编织袖片。用下针起针法，起60针，两边开始插肩袖减针，方法是每4行减1针减10次，每2行减1针减8次，至肩部余24针，同样方法编织另一袖。

5.缝合。将前片的侧缝与后片的侧缝对应缝合。袖片的插肩部与衣片的插肩部缝合。

6.圆领的编织。领圈边挑88针，圈织10行双罗纹，形成圆领。编织完成。

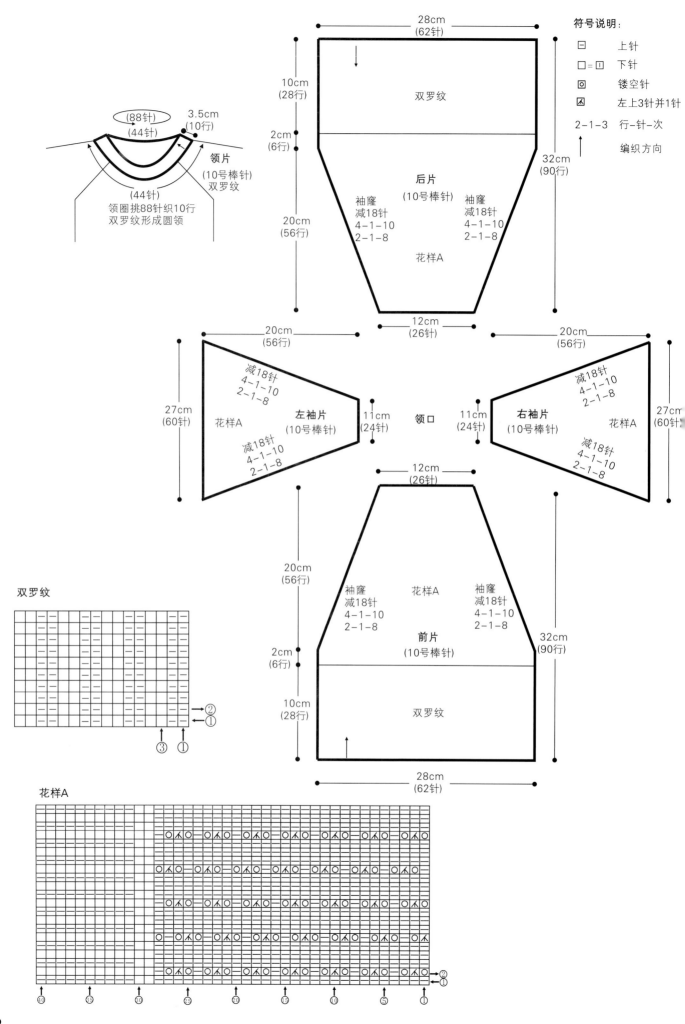

作品77

【成品规格】衣长43cm，胸宽29cm，
　　　　　　肩宽25cm，袖长30cm，
【工　　具】10号棒针，10号环形针
【编织密度】30针×37行=10cm²
【材　　料】灰色晴纶线300g，棕色晴
　　　　　　纶线100g，扣子3颗

【编织要点】
1.棒针编织法，从下往上编织，分下摆片、前片、后片、袖片编织。
2.采用下摆片的编织。下摆片分成内层和外层组成，再将两片合并为1片。
（1）内层的编织。内层够长，起416针，分成26组花样D进行编织。先用棕色线编织2行搓板针，再用灰色线编织2行搓板针，再用棕色线编织2行搓板针，下一行起，全用灰色线编织，编织花样B，每10行一层花样，但在每编织10行时，进行一次分散减针，一圈分散减针80针，余下336针，再编织第2个10行时，一圈分散减针80针，余下256针，再编织第3个10行时，一圈分散减针72针，余下184针，无加减再织10行，完成内层的编织，共52行，184针。不收针。
（2）外层的花样编织与内层相同。起织的配色不同，参照花样A进行配色，而以上全用棕色线编织。同样每10行分散减针1次。只减2次针，共织成52行，184针一圈。与内层一针对应一针合并。
3.下摆片与前后片连接处的编织。合并后共184针，用灰色线起针，先织4行搓板针，再织9行下针，在编织第10行时，将织片对折，取两端减针，前片两边各减1针，后片两边各减1针，然后下一行用棕色线编织2行下针。然后用灰色线织10行下针，同样在第10行的两边各减1针，再用棕色线织2行下针。最后再用灰色线编织10行下针，不减针，再用棕色线织2行下针。
4.袖隆以下的编织。

（1）前片的编织。起织88针，继续织10行灰色线加2行棕色线的配色组合。两边同时收针4针，然后每织2行两边各减1针，共减6次，织成12行，再织4行后，进入衣领门襟的编织，中间选6针，与右边的31针作为一片编织，这6针编织花样C单罗纹针，同样配色编织，右边的31针全织下针，在编织过程，门襟上要制作2个扣眼。无加减针往上编织26行后，进入右侧衣领减针，门襟单罗纹花样的6针与往右算起6针，用防解别针扣住不织。织片向右减针，每织1行减3针，减2次，然后每织2行减2针减1次，最后每织2行减1针减4次，织成12行，然后无加减针再织22行下针后，至肩部余下13针，不收针，用防解别针扣住。而另一半，31针下针，再在右边的门襟的6针后面，同一针脚下挑出6针，这6针编织单罗纹针，然后无加减针织26行的高度，余下的织法与右片相同。至肩部余下13针，用防解别针扣住不织。
（2）后片的编织。起织88针，继续10行灰色线，2行棕色的配色组合编织。两边袖隆减针与前片相同。减针后，无加减针再织42行后，进入后衣领减针，中间选取28针收针断线，两边减针，每织2行减1针，共减3次。两边肩部余下13针，与前片的肩部对应缝合。
5.袖片的编织。从袖口起织，单罗纹起针法，用棕色线起88针，编织2行单罗纹，然后改用灰色线编织12行，在织最后1行时，分散加针，加20针，将针数加成64针一圈，然后开始进行10行灰色线2行棕色线的配色编织，并选其中的2针作为加针，在这2针上，每织6行加1次针，共加8次针，针数加成80针，无加减针再织10行，至袖隆。在加针的2针为中心，向两边减针，各减4针，环형变为片织，每织2行减2针，共减9次，然后每织2行减1针，共减8次针。最后袖肩部余下20针，收针断线。用相同的方法去编织另一袖片。然后将袖山边缘与衣身的袖隆边对应缝合。
6.领片的编织。挑出前片留出的针，再沿着前衣领边再挑16针，而后沿后衣领边挑40针，再到前衣领挑16针，再挑出留出的针数，一圈共96针，起织用灰色线，织8行单罗纹针，再用棕色线再织2行单罗纹针。在右边衣领侧边内，制作1个扣眼。完成后收针断线。

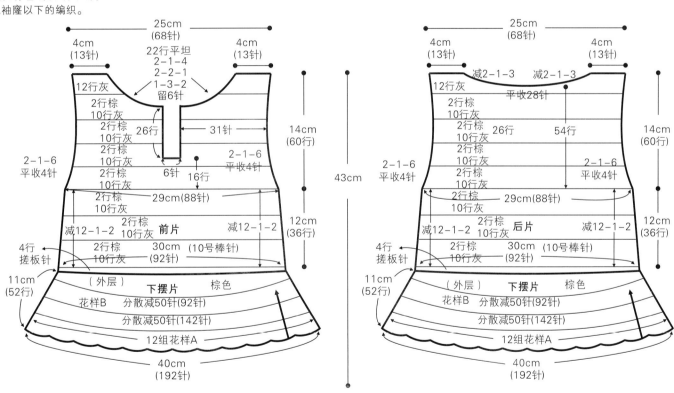

符号说明：

符号	说明	符号	说明
〇	上针	⊠	左并针
□=〇	下针	⊠	右并针
2−1−3	行−针−次	⊡	镂空针

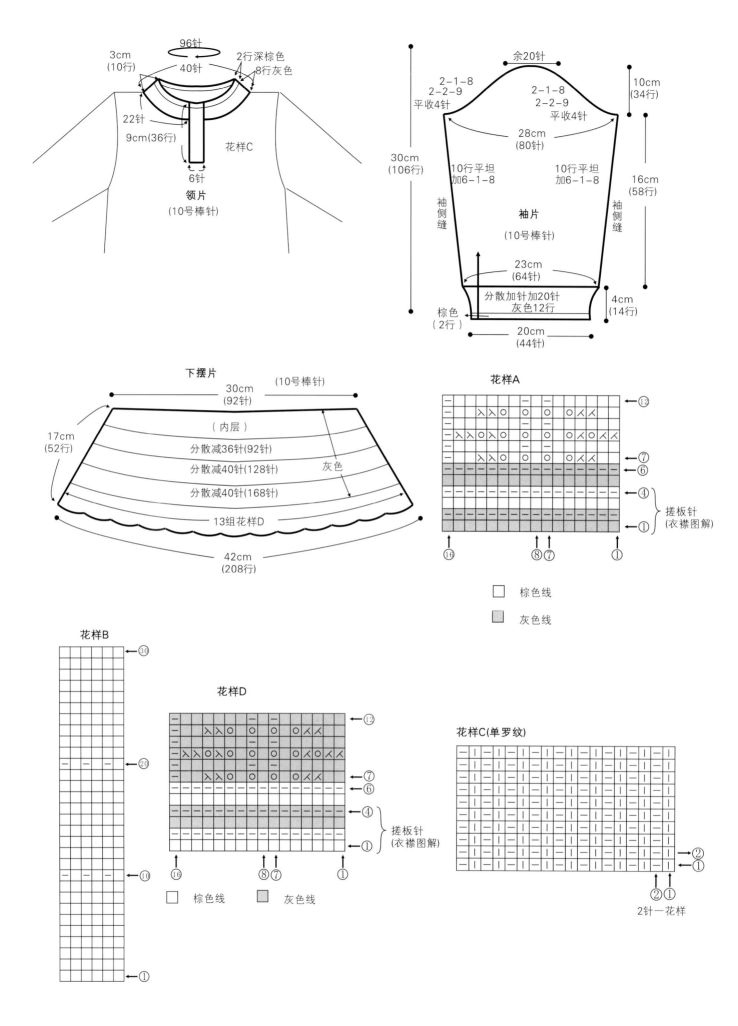

领片
(10号棒针)

3cm
(10行)

96针

40针

2行深棕色
8行灰色

22针

9cm(36行)

花样C

6针

余20针

2-1-8
2-2-9
平收4针

2-1-8
2-2-9
平收4针

28cm
(80针)

10cm
(34行)

10行平坦
加6-1-8

10行平坦
加6-1-8

30cm
(106行)

16cm
(58行)

袖片
(10号棒针)

袖侧缝

袖侧缝

23cm
(64针)

分散加针加20针
灰色12行

棕色
(2行)

4cm
(14行)

20cm
(44针)

下摆片

30cm
(92针)

(10号棒针)

17cm
(52行)

(内层)

分散减36针(92针)

分散减40针(128针)

灰色

分散减40针(168针)

13组花样D

42cm
(208行)

花样A

⑫

⑦
⑥
④
①

搓板针
(衣襟图解)

⑯

⑧⑦

①

□ 棕色线

▨ 灰色线

花样B

㉚

⑳

⑩

①

花样D

⑫

⑦
⑥
④
①

搓板针
(衣襟图解)

⑯

⑧⑦

①

□ 棕色线   ▨ 灰色线

花样C(单罗纹)

②
①

②①

2针一花样

作品78

【成品规格】衣长32cm，宽28cm，袖长17cm
【工　　具】12号棒针，12号环形针
【编织密度】28针×40行=10cm²
【材　　料】红色宝宝绒线120g，白色纽扣2颗

【编织要点】

1.采用棒针编织法，袖窿以下一片编织完成。袖窿起分为左前片，右前片，后片来编织。织片较大，可采用环形针编织。

2.起织，下针起针法，用红色线起169针起织，采用搓板针起织花样A，共织8行，从第9行将织片分配花样，由左右门襟及12个花样B组成，见结构图所示，前片各3个，后片6个，分配好花样针数后，衣身按花样B图解往上编织10行，门襟仍然向上织花样A，第19行除门襟外整个衣身开始织全下针。从第83行起将织片分片，分为右前片，左前片和后片，右前片与左前片各取45针（含门襟6针），后片取79针编织。先编织后片，而右前片与左前片的针眼用防解别针扣住，暂时不织。

3.分配后身片的针数到棒针上，用12号针编织，起织时两侧需要同时减针织成袖窿，减针方法为1-3-1，2-2-1，2-1-2，两侧针数各减少7针，余下65针继续编织，两侧不再加减针，织至第126行时，中间留取25针不织，用防解别针扣住，两端相反方向减针编织，各减少2

针，方法为2-1-2，最后两肩部余下18针，收针断线。

4.左前片与右前片的编织，两者编织方法相同，但方向相反，以右前片为例，右前片的左侧为右门襟，起织时不加减针，左侧6针始终向上织花样A，右侧要减针织成袖窿，减针方法为1-3-1，2-2-1，2-1-2，针数减少7针，余下38针继续编织，当衣襟侧织至104行时，织片向右减针织成前衣领，减针方法为1-3-1，2-2-2，2-1-4，将针数减11针，肩部余下18针，收针断线。左前片的编织顺序与减针法与右前片相同，但是方向不同。

5.前片与后片的两肩部对应缝合。

6.袖片的编织。

(1)用下针起针法，从袖口起织52针，编织8行花样A，采用搓板针，然后第9行分散加针至65针，织花样B，共5组花样，照图分配好花样与针数。然后往上编织10行，至第19行，向上织全下针，两侧不加减针织34行。第51行开始编织袖山，袖山减针编织，两侧同时减针，方法为1-5-1，2-3-1，2-2-3，2-1-5，两侧各减少21针，共织20行，最后织片余下23针，收针断线。

(2)同样的方法再编织另一袖片。

(3)缝合方法：将袖山对应前片与后片的袖窿线，用线缝合，再将两袖侧缝对应缝合。

7.沿着前后片衣领边挑针编织，织花样A，共织8行的高度，用下针收针法，收针断线。

8.在门襟相应位置缝上纽扣。衣服完成。

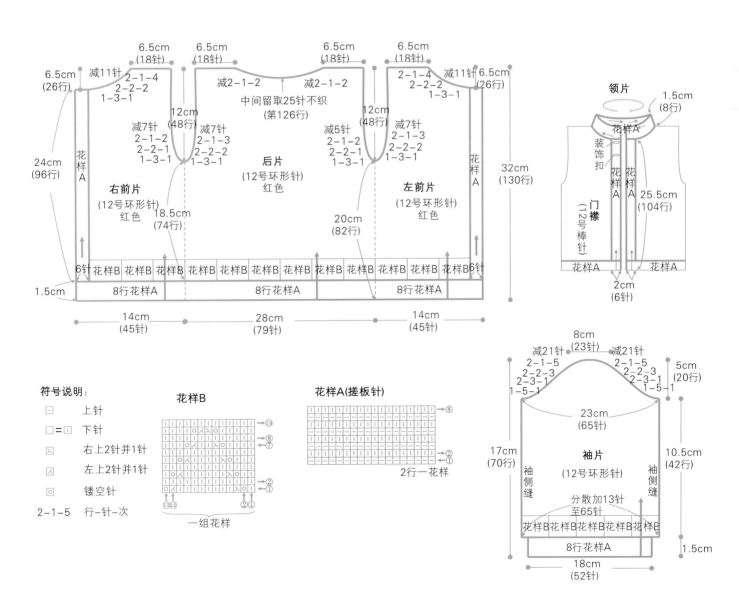

符号说明：
□　　上针
□=□　下针
⊠　　右上2针并1针
⊡　　左上2针并1针
⊙　　镂空针
2-1-5　行-针-次

作品79

【成品规格】衣长43cm，胸宽32cm，肩宽24cm

【工　　具】8号棒针，钩针

【编织密度】18针×25行=10cm²

【材　　料】棕色带金线马海毛线250g，各种颜色的毛线少许

【编织要点】

1.采用棒针编织法。由前片与后片组成。

2.前片的编织。双罗纹起针法，起72针，起织花样A双罗纹针，并在两侧缝减针编织，8-1-7，织成50行的高度后，下一行中间收针14针，分为两部分各自编织，减出前衣领边。衣领减针为2-2-2，2-1-6，织成衣领算起12行后，至袖窿减针，2-1-6，袖窿减少6针，衣领减少10针后，不加减针，再织40行至肩部，余下6针。收针断线。相同的方法织另一边。后片的针数行数和减针方法与前片完全相同。

3.缝合。将前后片的侧缝对应缝合，再将肩部对应缝合。

4.沿着前后吊带边，沿边挑针钩织花样C花边。再分别沿着袖口边，挑针钩织花样C花边。最后根据花样B，用各种颜色的毛线搭配钩织立体单元花，前片4朵，后片4朵，位于衣身中间的部位上。衣服完成。

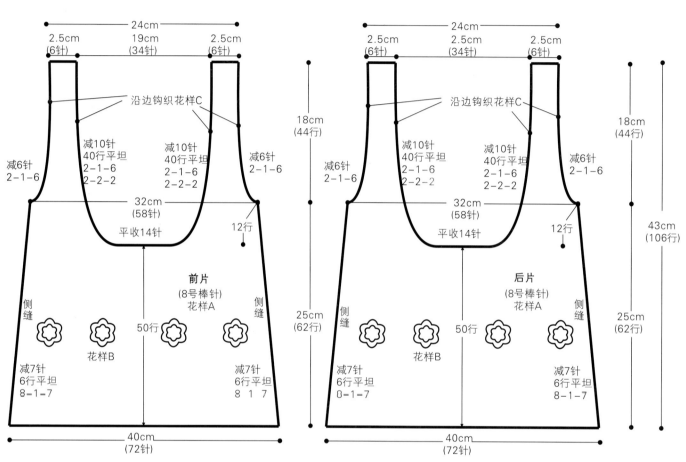

花样A（双罗纹）　　4针一花样

花样B

花样C
（吊带图解）

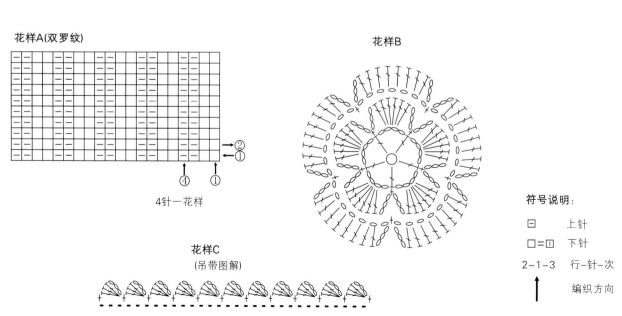

符号说明：

□　　上针

□=□　下针

2-1-3　行-针-次

↑　编织方向

作品80

【成品规格】衣长40.5cm，胸宽32cm，
肩宽22cm，袖长14cm

【工　具】12号棒针

【编织密度】22针×30行＝10cm²

【材　料】灰色毛线540g

【编织要点】

1.采用棒针编织法，袖窿以下圈织而成，袖窿以上分成前片、后片各自编织。

2.袖窿以下的编织。

(1)内层裙片的编织。单罗纹针起针法，起280针，编织花样A，织4行，第5行起编织下针，不加减针织22行，第23行连续2并1针减针，减140针，收针。

(2)外层裙的编织。同样方法编外层裙片，第15行时2并1针减针，减140针，将内外两层裙片合并为双层，开始身片编织。

(3)身片的编织。身片140针，编织下针，织54行，然后将针数分片，前片70针，后片70针，开始袖窿减针。

3.袖窿以上的编织。（分成前片和后片）

(1)前片的编织。袖窿减针，两侧同时减针，平收4针，2-1-5，减9针，织成袖窿算起16行，进行前衣领减针，平收20针，2-1-8，再不加减针织16行。

(2)后片的编织。后片两侧袖窿同时减针，平收4针，2-1-5，减9针，织成袖窿算起44行的高度时，进行后衣领减针，两侧反方向2-1-2，各减2针，至肩部，收针断线。

4.袖片的编织。从袖口起织，单罗纹针起针法，起48针，织花样A，织4行，第5行起编织下针，织6行，至袖山减针，两侧同时收针，收4针，然后2-1-16，两边各减少20针，余下20针。收针断线。用相同的方法再编织另一边袖片。

5.拼接，将前后片的肩部对应缝合后再与袖片缝合。

6.领边的编织。沿着衣领边挑出106针，编织下针，织8行后，从起针处挑针并针编织，变成双层衣边。收针断线。衣服完成。

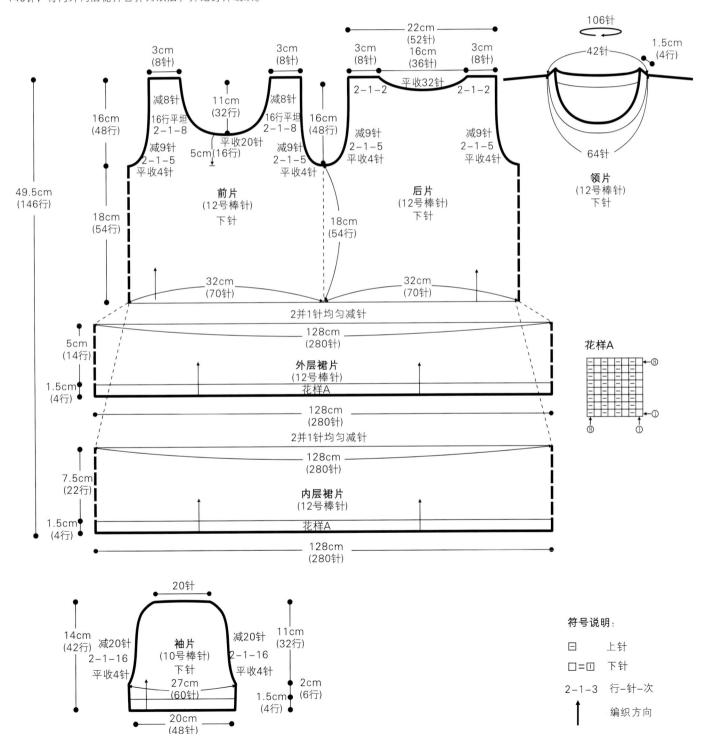

符号说明：

□　　上针

□＝□　下针

2-1-3　行-针-次

↑　编织方向

107

作品81

【成品规格】衣长29cm，衣宽30cm

【工　　具】12号棒针

【编织密度】29针×45行=10cm²

【材　　料】粉红色牛奶棉绒线120g

【编织要点】

1.采用棒针编织法，衣服为插肩织法，先织衣身，再织两衣袖，然后将两衣袖与衣身拼在一起，进行环织至衣领。

2.衣身的编织，起200针进行环织，先织4行花样C，即单罗纹花样，从第5行开始编织花样A，每5针一个花样组，衣身无加减针，直接编织62行时，将衣身对称分为两半，分为前身片和后身片，而前身片和后

身片的两侧，同时收起3针，即1-3-1，收针后暂停编织。进行下一步衣袖的编织。

3.衣袖的编织为环织，用单罗纹起针法起60针，同样编织4行花样C，即单罗纹，然后改织花样A，以袖下中线为中心，两侧同时加针，每8行加1次针，即一行加了2针，共加6次针，即8-1-6，编织至袖窿下时，也以袖下中线中心向两侧各收3针，即1-3-1。织至袖窿时，衣袖共织64行完成，暂停编织，用同样的方法再编织另一衣袖，同时织至袖窿下收针，最后将两衣袖收针处与衣身片的收针处各自缝合。

4.上面三者拼接，两衣袖片改成片织，两端分别与衣身的前后身片连接，这样，就形成了上身片环织的情况，在两侧袖侧缝进行减针，如结构图，以袖侧缝线为中心，两侧同时减针，每4行减一次针，共减15次，即4-1-15，减针情况不受花样的影响。最后织至衣领剩下88针，编织花样C，不加减针，织高衣领部。衣服完成。

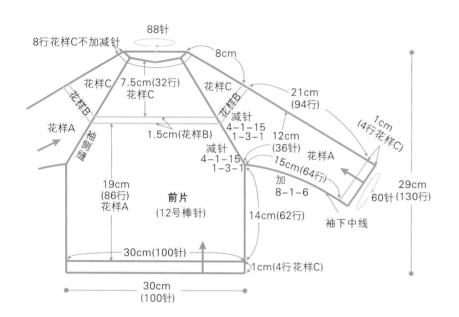

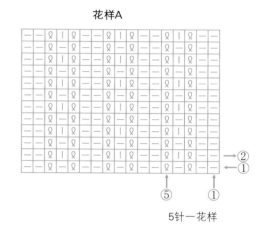

花样A

→②
←①

⑤ ①

5针一花样

花样C(单罗纹)

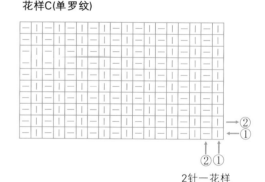

→②
←①

②①

2针一花样

花样B

→⑥

→②
←①

6行一花样

符号说明：

□　　下针

□　　上针

回　　扭针

作品82

【成品规格】衣长40cm，下摆宽24cm

【工　　具】10号棒针

【编织密度】30针×28行=10cm²

【材　　料】绿色羊毛线400g，大纽扣2枚

【编织要点】

1.带帽毛衣用棒针编织，由两片前片，一片后片组成，从下往上编织。

2.先编织前片。分右前片和左前片编织。

(1) 右前片的编织。先用下针起针法，起44针，先织12行单罗纹后，改织花样A，门襟和侧缝各留8针继续织单罗纹，侧缝不用加减针，织40行至袖窿。

(2) 袖窿以上部分的编织。袖窿在8针单罗纹内侧减针，方法是每2行减1针减12次，共减12针，再织36行至肩部，把袖窿侧的8针单罗纹收

掉，其余24针不用收针待用。

(3) 以相同的方法，反方向编织左前片。

3.编织后片。

(1) 先用下针起针法，起72针，先织12行单罗纹后，改织花样B，其中两边侧缝各留8针继续编织单罗纹，侧缝不用加减针，织40行至袖窿。

(2) 袖窿以上部分的编织。袖窿在8针单罗纹的内侧减针，方法是每2行减1针减12次，共减12针，再织36行至肩部，把袖窿侧的8针减掉，其余32针不用收针待用。不用开领窝。

4.缝合。将前片的侧缝与后片的侧缝对应缝合。前后片肩部的8针单罗纹缝合。

5.帽片编织。把前后片待用的针数共80针合并继续编织，织70行全下针，并在后帽片中点的两边各加6针，方法是每8行加2针加6次，然后再织4行，方法是每2行减1针减4次，帽顶缝合，形成帽子。

6.门襟、帽顶和两边侧缝分别缝上纽扣，毛衣编织完成。

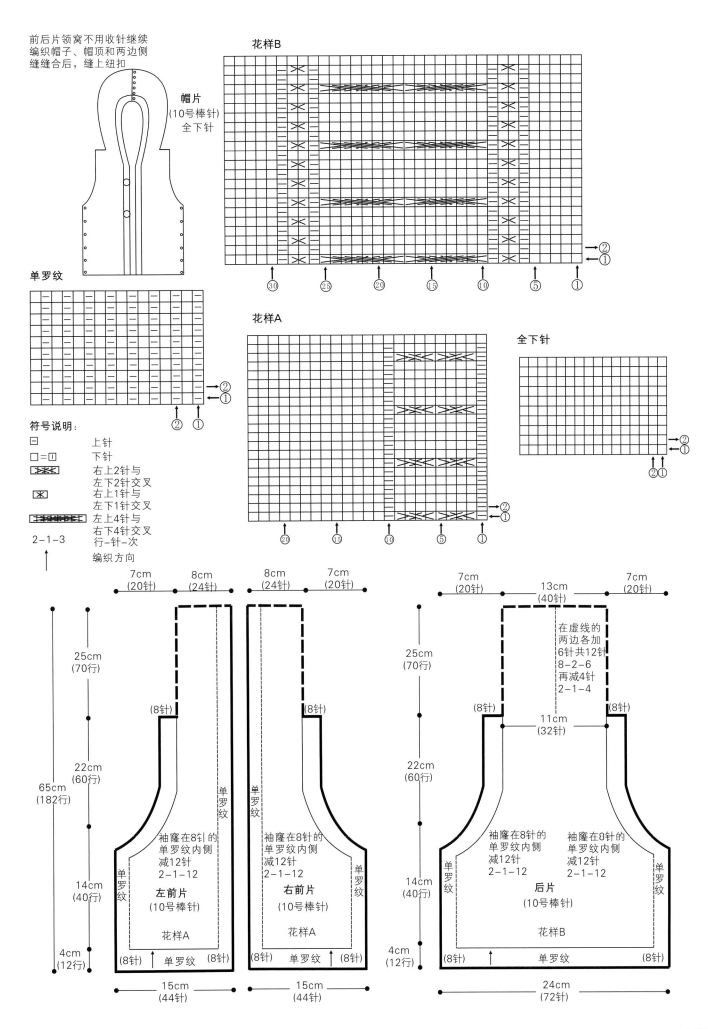

前后片领窝不用收针继续
编织帽子、帽顶和两边侧
缝缝合后，缝上纽扣

帽片
(10号棒针)
全下针

花样B

单罗纹

符号说明：
□ 上针
□=① 下针
右上2针与
左下2针交叉
右上1针与
左下1针交叉
左上4针与
右下4针交叉
行－针－次
2－1－3
编织方向

花样A

全下针

7cm
(20针)
8cm
(24针)
8cm
(24针)
7cm
(20针)
7cm
(20针)
13cm
(40针)
7cm
(20针)

25cm
(70行)
25cm
(70行)

在虚线的
两边各加
6针共12针
8－2－6
再减4针
2－1－4

(8针)
(8针)
(8针)
11cm
(32针)
(8针)

65cm
(182行)
22cm
(60行)
22cm
(60行)

单罗纹
单罗纹
单罗纹
单罗纹

14cm
(40行)
14cm
(40行)

袖窿在8针的
单罗纹内侧
减12针
2－1－12

袖窿在8针的
单罗纹内侧
减12针
2－1－12

袖窿在8针的
单罗纹内侧
减12针
2－1－12

袖窿在8针的
单罗纹内侧
减12针
2－1－12

左前片
(10号棒针)

右前片
(10号棒针)

后片
(10号棒针)

花样A
花样A
花样B

4cm
(12行)
4cm
(12行)

(8针)
单罗纹
(8针)
(8针)
单罗纹
(8针)
(8针)
单罗纹
(8针)

15cm
(44针)
15cm
(44针)
24cm
(72针)

作品83

【成品规格】衣长37cm，胸宽36cm，
　　　　　　肩宽24cm，袖长10cm
【工　　具】12号棒针
【编织密度】40针×49行=10cm²
【材　　料】米白色丝光棉线100g，
　　　　　　紫色丝光棉线200g

【编织要点】

1.采用棒针编织法。由前片、后片、袖片组成。而前片和后片均分成上下两部分各自编织。

2.前片的编织。下针起针法，用紫色线，起145针，起织花样A，并配色。织22行后，下一行排花编织，共排成五组花样B，每组29针，依照图解编织，每组减少6针，整片减少30针，织成70行后，余下115针，全部改织上针，不加减针，织26行后至袖窿，下一行起袖窿减针，两边2-1-10，各减少10针，织成20行高，针数余下95针。收针断线。用相同的方法编织后片。

3.前胸片的编织。下针起针法，用白色线，起70针，按照花样C编

织，不加减针，织36行后，下一行中间收针14针，两边减针，2-1-7，再织22行至肩部，余下21针，收针断线。将起针行与前片的上端边缘对应缝合。

4.后胸片的编织，分为两个织片。结构相同，减针方向相反。用白色线，下针法起针，起43针，内侧8针织花样A搓板针，余下的35针排花样C编织，不加减针，织54行后，下一行减后衣领边，从内向外收针15针，然后2-1-7，至肩部余下21针，收针断线。用相同的方法织另一半，然后将花样A下端边重叠拼接缝合，再将整个下织片的下摆边与后片上端边缘对应拼接缝合。最后将前后片的侧缝对应缝合，再将肩部对应缝合。

5.袖片的编织。采用下针起针法，起98针，用紫色线，织6行花样A搓板针，再用白色线织2行搓板针，最后用紫色线织4行。下一行起，排7组花编织，不加减针，织18行后，下一行两边减针，1-1-36，织36行后，余下26针，收针断线。相同的方法去编织另一个袖片，将两个袖片的袖山边线与衣身的袖窿边线缝合。再将袖侧缝缝合。最后是领片的编织，分为两个领片，左一个右一个，各自编织，两边各挑40针，排花样C编织，用紫色线，织24行后收针断线。另一边织法相同。最后沿着领边，织搓板针，2行白色，2行紫色后收针断线。衣服完成。

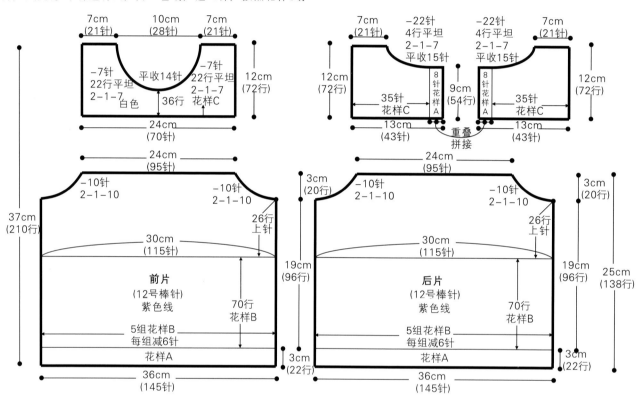

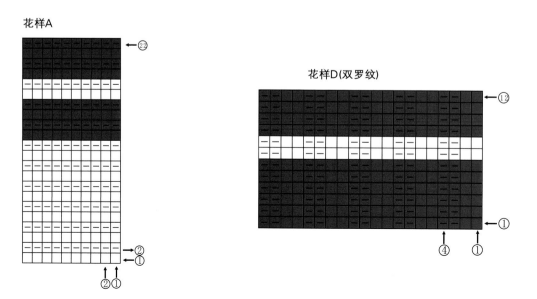

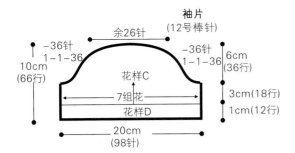

袖片
(12号棒针)

余26针

-36针
1-1-36
10cm
(66行)

-36针
1-1-36
6cm
(36行)

花样C

7组花

花样D

3cm(18行)
1cm(12行)

20cm
(98针)

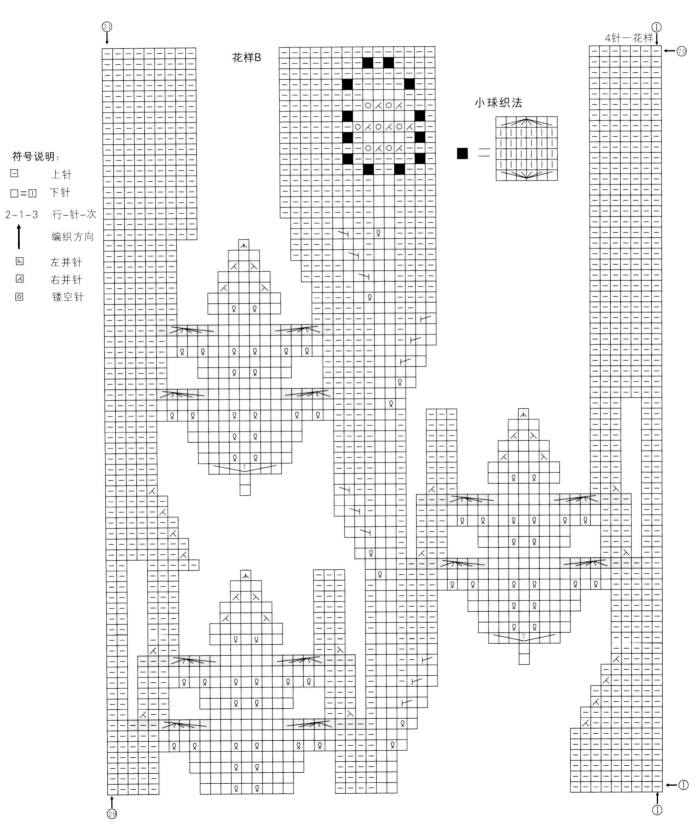

花样B

小球织法

$\blacksquare = \boxminus$

符号说明:
$\boxminus$　　上针
$\square = \boxdot$　　下针
2-1-3　　行-针-次
　　↑　　编织方向
$\boxtimes$　　左并针
$\boxtimes$　　右并针
$\boxdot$　　镂空针

4针一花样

111

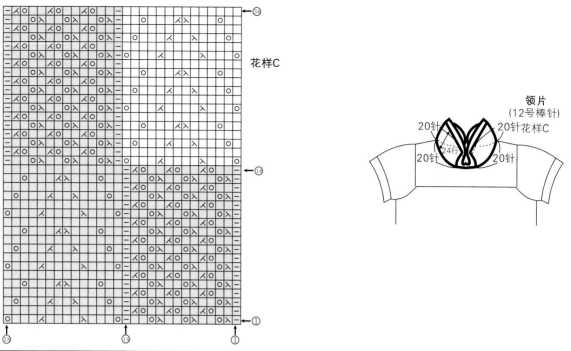

花样C

领片
(12号棒针)

20针　20针花样C
20针　24行　20针

作品84

【成品规格】衣长37cm，下摆宽27cm，
　　　　　　肩宽19cm

【工　　具】10号棒针

【编织密度】30针×32行＝10cm²

【材　　料】绿色毛线400g

【编织要点】

1.毛衣用棒针编织，由一片前片、一片后片、两片袖片组成，从下往上编织。

2.先编织前片。

(1) 用下针起针法起80针，先织10行双罗纹后，改织花样A，侧缝不用加减针，织54行至袖窿。

(2) 袖窿以上的编织。两边袖窿平收4针后减针，方法是每4行减2针减3次各减6针，不加不减织42行至肩部。

(3) 同时织至16行时，开始开领窝，中间平收16针，然后两边减针，方法是每2行减3针减1次、每2行减2针减2次、每2行减1针减5次，各减12针，不加不减织22行，至肩部余10针。

3.编织后片。

(1) 用下针起针法起80针，先织10行双罗纹后，改织花样A，侧缝不用加减针，织54行至袖窿。

(2)袖窿以上的编织。两边袖窿平收4针后减针，方法是每4行减2针减3次，各减6针，不加不减织42行至肩部。

(3) 同时织至48行时，开始开领窝，中间平收34针，然后两边减针，方法是每2行减1针减3次，至肩部余10针。

4.袖片编织。用下针起针法，起40针，织10行双罗纹后，改织花样B，袖下加针，方法是每2行加1针加20次，织至64行时，两边平收4针，开始袖山减针，方法是每4行减2针减10次，至顶部余32针。

5.缝合。将前片的侧缝与后片的侧缝对应缝合。前片的肩部与后片的肩部缝合，两边袖片的袖下缝合后，分别与衣片的袖边缝合。

6.领片编织。领圈边挑136针，织14行双罗纹，领尖重叠缝合，形成V形叠领。毛衣编织完成。

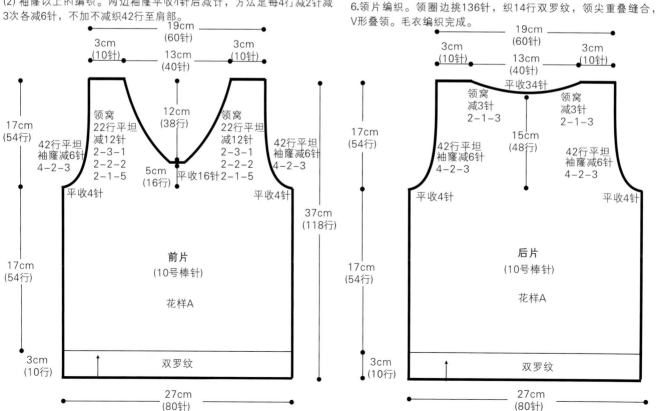

19cm
(60针)
3cm　13cm　3cm
(10针) (40针) (10针)

12cm
(38行)

领窝
22行平坦
减12针
2-3-1
2-2-2
2-1-5

领窝
22行平坦
减12针
2-3-1
2-2-2
2-1-5

17cm
(54行)

42行平坦
袖窿减6针
4-2-3

42行平坦
袖窿减6针
4-2-3

5cm
(16行)

平收16针 2-1-5

平收4针　　平收4针

37cm
(118行)

17cm
(54行)

前片
(10号棒针)

花样A

3cm
(10行)

双罗纹

27cm
(80针)

19cm
(60针)
3cm　13cm　3cm
(10针) (40针) (10针)

平收34针

领窝
减3针
2-1-3

领窝
减3针
2-1-3

17cm
(54行)

15cm
(48行)

42行平坦
袖窿减6针
4-2-3

42行平坦
袖窿减6针
4-2-3

平收4针　　平收4针

17cm
(54行)

后片
(10号棒针)

花样A

3cm
(10行)

双罗纹

27cm
(80针)

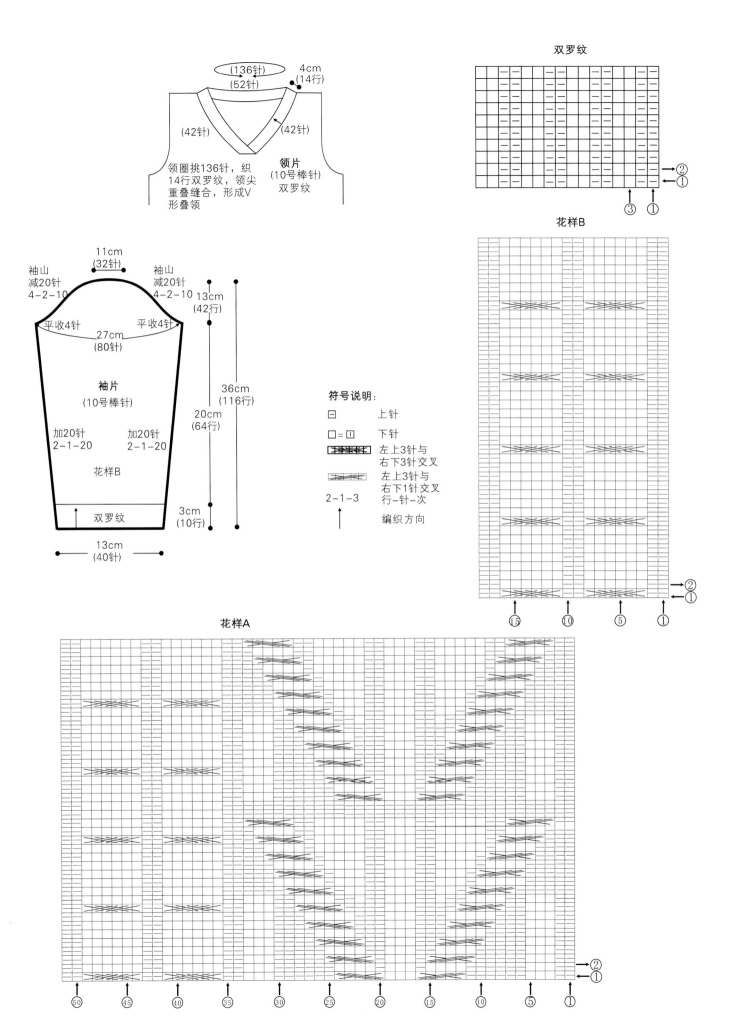

双罗纹

(136针)
(52针)
4cm
(14行)

(42针)
(42针)

领圈挑136针，织
14行双罗纹，领尖
重叠缝合，形成V
形叠领

领片
(10号棒针)
双罗纹

11cm
(32针)

袖山
减20针
4-2-10

袖山
减20针
4-2-10

13cm
(42行)

平收4针
平收4针

27cm
(80针)

袖片
(10号棒针)

36cm
(116行)

20cm
(64行)

加20针
2-1-20

加20针
2-1-20

花样B

双罗纹

3cm
(10行)

13cm
(40针)

符号说明:

□ 上针

□ = □ 下针

左上3针与
右下3针交叉

左上3针与
右下1针交叉

2-1-3 行-针-次

↑ 编织方向

花样B

花样A

作品85

【成品规格】衣长32cm，胸围60cm，
　　　　　　袖长26cm

【工　　具】9号棒针

【编织密度】21针×34行=10cm²

【材　　料】毛线300g，纽扣3枚

【编织要点】

1.后片的编织。起64针织单罗纹8行，上面织花样，中心织4组花样，

两侧织上针，织15cm开挂肩，腋下各平收3针，再依次减针，减针完成后织单罗纹，织14cm平收。

2.前片的编织。起32针织单罗纹8行织花样，织法同后片，开挂肩时同时收领窝，按图示减针。

3.袖片的编织。从下往上织，起40针织单罗纹8行，上面全部织平针，袖筒两侧依次加针织15cm，袖山腋下各平收3针，再每4行减2针减7次，最后16针平收。

4.领的编织。缝合各片，挑针织领。沿边缘挑248针，织8行后收掉门襟左右侧的48针，织引退针24行平收，缝上纽扣，完成。

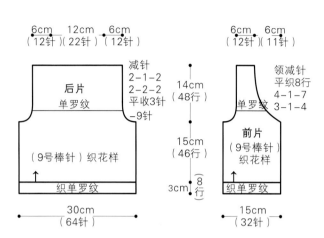

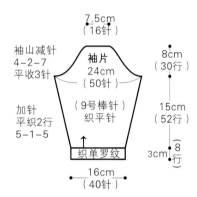

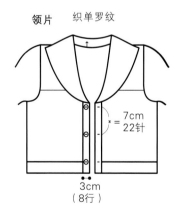

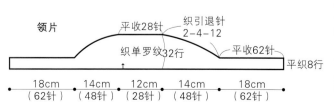

符号说明：

⟋⟍ 3针右上交叉

⟋⟍ 4针左上交叉

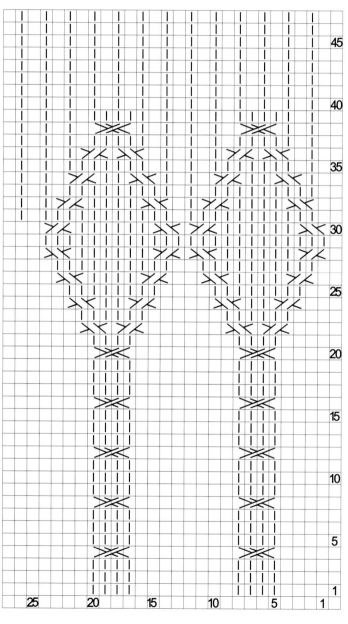

□=—

编织花样

作品86

【成品规格】衣长36cm，胸宽30cm，
　　　　　　袖长32cm

【编织密度】27针×32行=10cm²

【工　　具】11、13号棒针

【材　　料】浅咖啡色毛线250g，深咖
　　　　　　啡色毛线50g，纽扣3枚

【编织要点】

1.使用棒针编织法。分为前片、后片和两个袖片。

2.前片的编织。分为左前片和右前片，以右前片为例说明。下摆起织，深咖啡色线起织。双罗纹起针法起40针，起织花样A，深咖啡色线织2行后换浅咖啡色线织12行，然后下一行依照花样B编织，平织29行，下一行衣襟留11针继续花样编织，余下的29针编织下针，平织29行至袖窿减针，左侧收针4针，然后依次2-2-3，并同时减前衣领，从右往左，依次减针2-1-2，4-1-1，重复5次，共减少15针，然后是2-1-1，平织14行后，肩部余下14针，收针断线。使用相同的方法，从相反的减针方向编织左前片。

3.后片的编织。起针法与前片相同。用深咖啡色线起82针，起织花

样A，织2行后换浅咖啡色织12行，下一行起排花样编织，两边各选23针织下针，中间36针依照花样C排花样编织，平织58行至袖窿减针。两边袖窿同时收针，各收4针，2-2-3，两边袖窿减少的针数为10针，余下62针。当织至袖窿算起52行的高度时，下一行中间收针30针，两边进行减针，2-1-2，各减少2针，织成4行高。肩部针数余下14针，收针断线，分别与前片的肩部对应缝合。再将侧缝对应缝合。

4.袖片的编织。袖口起织，深咖啡色线起42针，编织花样A。织2行后换浅咖啡色线，不加减针，织12行，在最后一行里分散加4针，加成46针，下一行起织下针，并在两侧袖侧缝上加针，4-1-11，各加11针，织成44行高，再平织14行，下一行两侧袖山减针，两边各收4针，然后4-2-9，织至36行高后，余下24针，收针断线。相同方法编织另一个袖片，并将袖山边线与衣身袖窿边线进行缝合。

5.衣襟和领片的编织。先编织衣襟，浅咖啡色线起织，沿衣襟衣领边挑108针，沿后衣领挑36针，另一边衣领衣襟挑108针，起织花样A，织10行后换深咖啡色线织3行，收针。右衣襟编织3个扣眼。在第5行的位置编织。扣眼相隔针数见结构图所示。左衣襟在扣眼对应的位置，缝上纽扣。

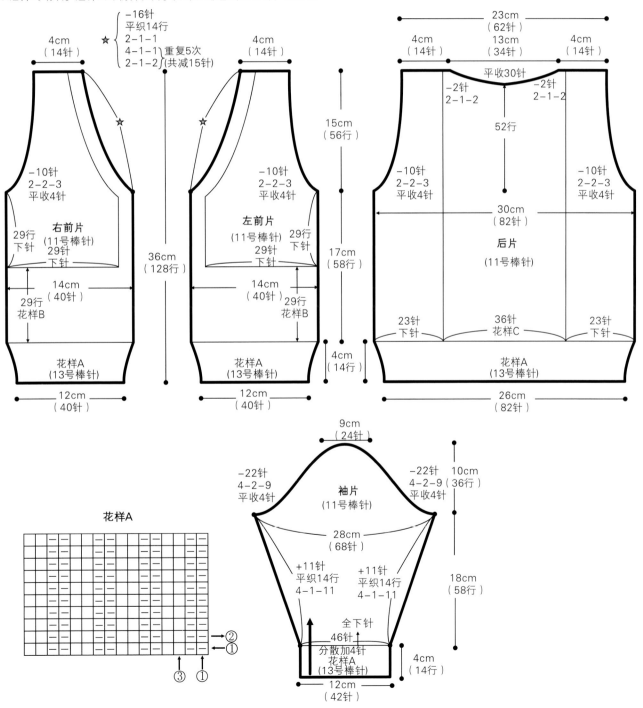

花样A

花样B

花样C

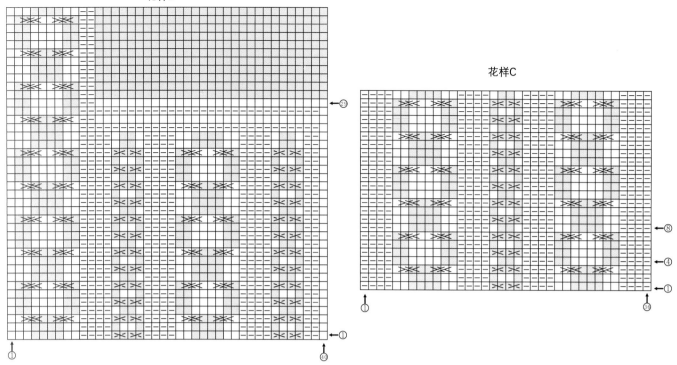

作品87

【成品规格】衣长36.8cm，胸宽35cm，
肩宽30cm，袖长30cm
【工　具】10号棒针
【编织密度】32针×44行＝10cm²
【材　料】橘红色棉线100g，白色、蓝
色、浅黄色毛线各150g

【编织要点】
1.棒针编织法。由前片与后片和两个袖片组成。
2.前后片织法。
(1)前片的编织，双罗纹起针法，用橘红色线，起104针，起织花样A，
织22行，在最后一行里，分散加针，加6针，针数加成110针。然后下
一行改织下针，先参照花样B配色编织，织11行，然后参照花样C配色
编织，织27行，然后依照花样D配色编织，织44行，至袖窿，袖窿起

减针，两侧收针7针，中间余下96针，并起织花样E配色，织20行，下
一行起全用浅黄色线织下针，不加减针，织28行，下一行开始减前衣
领。中间收针22针，分为左右两半各自编织。衣领减针方法是2-2-
6，再织12行至肩部，余下27针，收针断线。
(2)后片袖窿以下的织法与前片相同。袖窿两侧减针与前片相同，袖窿
起配色编织也与前片完全相同，织花样E20行后，用浅黄色线织下
针，织48行后，下一行中间收针38针，两边减针，2-1-2，至肩部余
下27针，收针断线。
3.袖片织法。双罗纹起针法，用橘红色线，起56针，起织花样A，织
22行的高度。在最后一行里，分散加16针，下一行起，全织下针，往
上的配色编织顺序与衣身完全相同，起织时在两边加针，10-1-5，再
织59行，加成82针，将全部的针数收针断线。相同的方法再去编织另
一个袖片。将两个袖山边线与衣身的袖窿边线对应缝合。再将袖侧缝
缝合。
4.缝合。用缝衣针把前后片肩部和侧缝对应缝合好。
5.领片织法。如图示用浅黄色线，沿前领窝挑60针、后领窝挑52针，
共挑起112针，不加减针，织42行花样A，平针锁边。衣服完成。

花样C

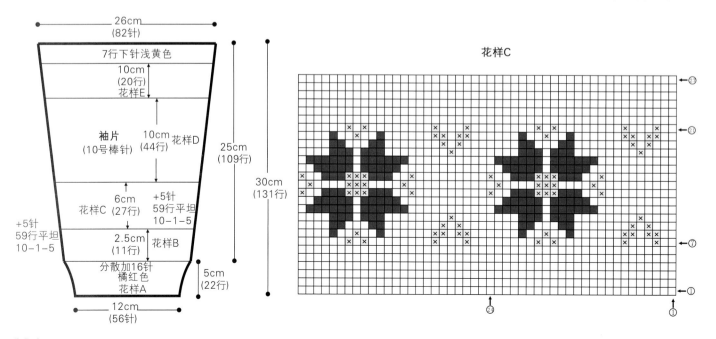

26cm
(82针)

7行下针浅黄色

10cm
(20行)
花样E

袖片
(10号棒针)

10cm 花样D
(44行)

25cm
(109行)

30cm
(131行)

6cm
花样C (27行)

+5针
59行平坦
10-1-5

+5针
59行平坦
10-1-5

2.5cm 花样B
(11行)

分散加16针
橘红色
花样A

5cm
(22行)

12cm
(56针)

116

花样E

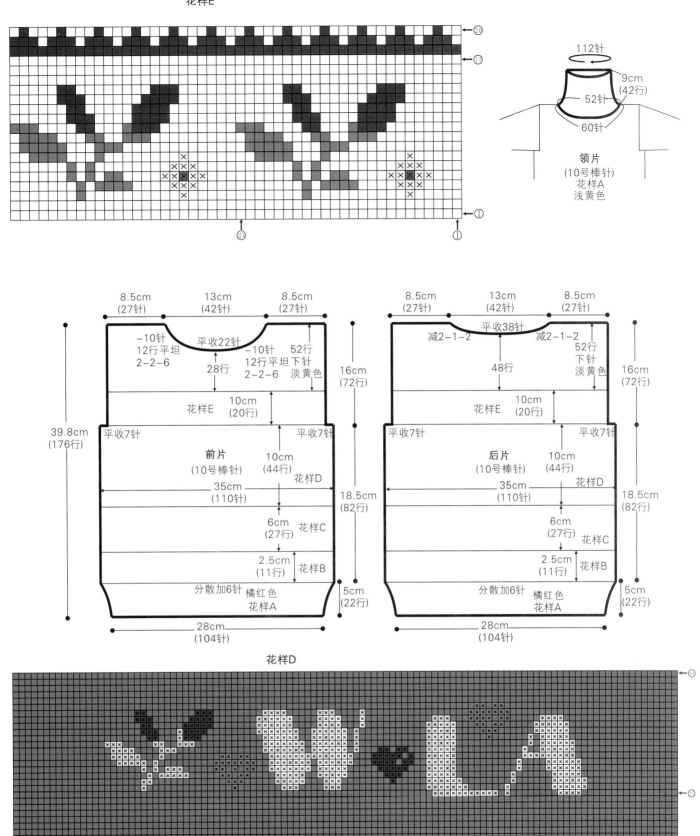

领片
（10号棒针）
花样A
浅黄色

112针

9cm
（42行）

52针

60针

前片
（10号棒针）

8.5cm
（27针）

13cm
（42针）

8.5cm
（27针）

−10针
12行平坦
2-2-6

平收22针

28行

−10针
12行平坦下针
2-2-6

52行
淡黄色

16cm
（72行）

花样E

10cm
（20行）

平收7针

平收7针

10cm
（44行）

花样D

35cm
（110针）

18.5cm
（82行）

6cm
（27行）

花样C

2.5cm
（11行）

花样B

分散加6针　橘红色
花样A

5cm
（22行）

39.8cm
（176行）

28cm
（104针）

后片
（10号棒针）

8.5cm
（27针）

13cm
（42针）

8.5cm
（27针）

减2-1-2

平收38针

减2-1-2

48行

52行
下针
淡黄色

16cm
（72行）

花样E

10cm
（20行）

平收7针

平收7针

10cm
（44行）

花样D

35cm
（110针）

18.5cm
（82行）

6cm
（27行）

花样C

2.5cm
（11行）

花样B

分散加6针　橘红色
花样A

5cm
（22行）

28cm
（104针）

花样D

117

花样B

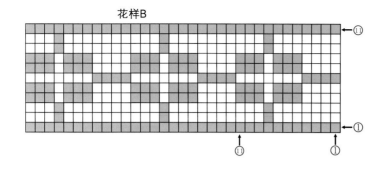

花样A(双罗纹)

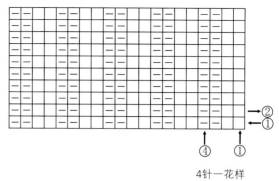

4针一花样

符号说明：

符号	说明
⊟	上针
□=⊡	下针
2-1-3	行-针-次
↑	编织方向
⊠	十字绣符号

作品88

【成品规格】上衣长32cm，宽26cm，
　　　　　　袖长14.5cm
【工　　具】12号棒针
【编织密度】28针×38行=10cm²
【材　　料】宝宝绒线150g

【编织要点】

1.采用棒针编织法，衣片袖片一块编织，从衣片中心起针向4个方向编织。用5根针编织。用线在手指上绕个圈，用钩针绕圈起20针，分成4份，每份5针，可以用记号别针在间隔处作上记号。
2.以其中一份为例，先按图解织花样A，花茎始终是2针下针。每隔1行

在茎的两侧加1针，如图。第25行针在茎旁加起的1针上开始按图解织花样B，花样A照图解继续织到39行。A和B之外的针全部织花样C，起252针编织，先织8行花样A搓板针花样，然后在第9行，将织片252针分成18组花样，图解见花样B中灰色图解部分，此为1组花样，每组14针12行，织48行的花样B，织片共织成56行，下一行起全改织下针，共织12行的高度后，全片收针断线。
3.以相同的方法再编织另一片，将两片肩部拼接，从肩线向两侧各织12cm的宽度，继续编织袖片，袖片由花样B与花样C编织而成，织54行后，改织花样D单罗纹针，共织14行的高度后，收针断线，用相同的方法再编织另一袖片，完成后，将袖侧缝与衣身侧缝一起缝合。沿着缝合好后的衣摆边，编织花样D单罗纹针，编织16行的高度后，收针断线。
4.沿着衣领边，挑针起织花样D单罗纹针，共织12行的高度后，收针断线。衣服完成。

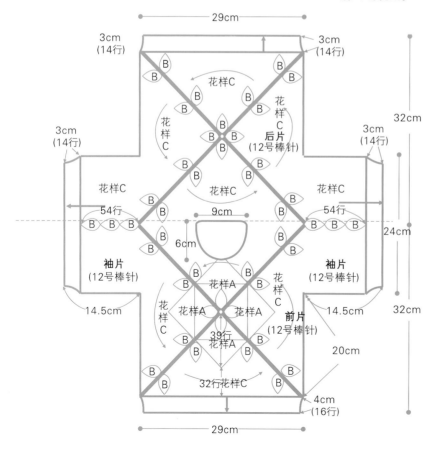

符号说明：

符号	说明
⊟	上针
□=⊡	下针
⊠⊠	左上2针与右下1针交叉
⊠⊠	左上2针与右下2针交叉
2-1-3	行-针-次
+	短针
⊤	长针
⊖⊖⊖	锁针

花样D(单罗纹)

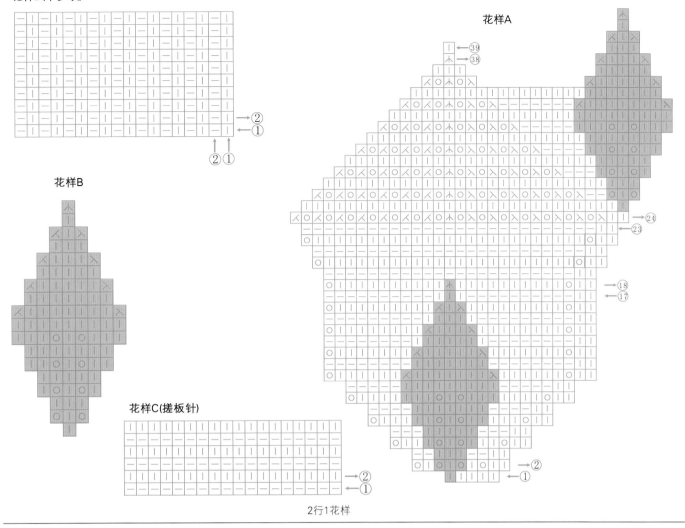

花样B

花样A

花样C(搓板针)

2行1花样

作品89

【成品规格】衣长36cm，胸围60cm，袖长29cm

【工　　具】9号棒针

【编织密度】25针×34行=10cm²

【材　　料】毛线300g，纽扣6枚

【编织要点】

1.后片的编织。起101针织边缘花样10行后织平针，平织58行在中心皱褶收32针，织8行开挂肩，腋下各平收3针，再依次减针，后领窝留6行，肩平收。

2.前片的编织。起57针门襟边16针织起伏针，另41针织边缘花样10行，花样完成后织平针，织法同后片。腰线收针后门襟边每4行向里侧多织1针，共4针，平织至肩收。

3.袖的编织。从下往上织，起46针织双元宝36行后织平针，袖筒两侧加针，袖山按图示减针，最后16针平收。

4.领的编织。缝合各片，挑针织领；从后领窝挑30针，两端各加出10针，织起伏针，并在两端加针，织40行平收，两端的10针与前片缝合。

5.蝴蝶结的编织。按图示织两个不同的矩形，叠放固定在后片，缝上纽扣，完成。

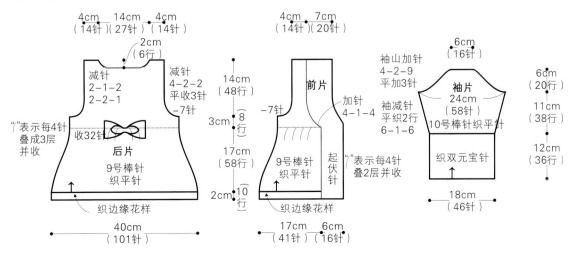

4cm 14cm 4cm
(14针)(27针)(14针)

2cm
(6行)

减针
2-1-2

减针
4-2-2
平收3针
-7针

"/"表示每4针
叠成3层
并收

收32针

后片
9号棒针
织平针

织边缘花样

40cm
(101针)

14cm
(48行)

3cm (8行)

17cm
(58行)

2cm (10行)

4cm 7cm
(14针)(20针)

前片

加针
4-1-4

-7针

9号棒针
织平针

起伏针

"/"表示每4针
叠成2层并收

织边缘花样

17cm 6cm
(41针)(16针)

袖山加针
4-2-9
平加3针

袖减针
平织2行
6-1-6

6cm
(16针)

袖片
24cm
(58针)

10号棒针织平针

织双元宝针

18cm
(46针)

6cm
(20行)

11cm
(38行)

12cm
(36行)

领片
织起伏针
沿后片挑28针，两端各加10针织40行
两端的10针与前片缝合

5cm
24行

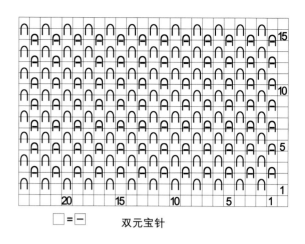

□ = [−]   双元宝针

蝴蝶结
织起伏针

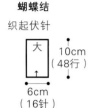

大

10cm
(48行)

6cm
(16针)

角减针
4针平收
2-1-6

角加针
2-1-6
起4针 (12针)

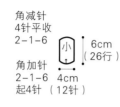

小

6cm
(26行)

4cm

符号说明：

∩ 滑针

Ａ 上针滑针

边缘花样

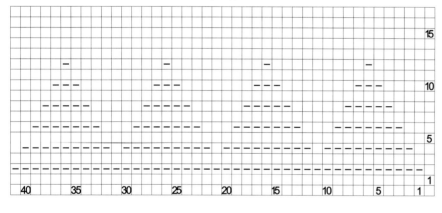

15

10

5

1

40   35   30   25   20   15   10   5   1

□ = [|]

作品90

【成品规格】衣长31cm，下摆宽28cm，
袖长26cm

【工　具】10号棒针

【编织密度】28针×38行=10cm²

【材　料】湖蓝色毛线400g，纽扣5枚

【编织要点】

1.毛衣用棒针编织。由两片前片、一片后片、两片袖片组成。从下往上编织。

2.先编织前片。分右前片和左前片编织。

(1) 右前片的编织。用下针起针法起44针，织8行花样B后，改织花样A，侧缝不用加减针，织至58行至袖窿。

(2) 袖窿以上的编织。右侧袖窿平收4针后，减针，方法是每织2行减2针减4次，共减8针，不加不减织44行至肩部。

(3) 从袖窿算起织至26行时，开始开领窝，先留8针不织待用，然后领

窝减针，方法是每2行减2针减7次，平织12行至肩部余10针。

(4) 用相同的方法，反方向编织左前片。并均匀地开纽扣孔。

3.编织后片。

(1) 用下针起针法。起78针。织8行花样B后，改织花样A。侧缝不用加减针，织58行至袖窿。

(2)袖窿以上编织。袖窿开始减针。方法与前片袖窿一样，不加不减织44行至肩部余54针，不用开领窝。

4.编织袖片。从袖口织起，用下针起针法，起40针，先织8行花样B后，改织花样A，两边袖侧缝各加10针，方法是每6行加1针加10次，编织60行至袖窿，开始两边平收4针后进行袖山减针，方法是两边分别每2行减1针减14次，编织完30行后余24针，收针断线。同样方法编织另一袖片。

5.缝合。将前片的侧缝与后片的侧缝对应缝合，前后片的肩部对应缝合，两袖片的袖下缝合后，袖山边线与衣身的袖窿边对应缝合。

6.领子编织。领圈边挑108针(其中包括两边门襟留针待用的8针)。织10行花样B，形成开襟圆领。

7.用缝衣针缝上纽扣。衣服编织完成。

右前片

4cm（10针）　8cm（22针）

减14针
12行平坦
2-2-7

8针留针待用

7cm（26行）

7cm（26行）

44行平坦
袖隆减8针
2-2-4

平收4针

14cm（52行）

24cm（88行）

右前片
（10号棒针）

花样A

花样B

15cm（58行）

2cm（8行）

16cm（44针）

（8针）

花样B

左前片

8cm（22针）　4cm（10针）

减14针
12行平坦
2-2-7

8针留针待用

44行平坦
袖隆减8针
2-2-4

平收4针

14cm（52行）

花样B

左前片
（10号棒针）

花样A

31cm（118行）

15cm（58行）

（8针）

16cm（44针）

花样B

后片

20cm（54针）

14cm（52行）

44行平坦
袖隆减8针
2-2-4

44行平坦
袖隆减8针
2-2-4

平收4针　　　平收4针

后片
（10号棒针）

花样A

2cm（8行）

花样B

28cm（78针）

15cm（58行）

袖片

8cm（24针）

减14针
2-1-14

减14针
2-1-14

平收4针　　平收4针

21cm（60针）

8cm（30行）

加10针
6-1-10

加10针
6-1-10

26cm（98行）

16cm（60行）

袖片
（10号棒针）

花样A

2cm（8行）

花样B

14cm（40针）

领片

（108针）

（28针）

（10行）

（40针）　　（40针）

领片
（10号棒针）
花样B

领圈边挑108针
（其中包括两
边门襟留针待
用的8针）织10
行花样B，成为
开襟圆领

花样A

花样B

符号说明：

□　上针

□=Ⅰ　下针

☑　右并针

▲　中上3针并1针

回　镂空针

2-1-3　行-针-次

↑　编织方向

121

作品91

【成品规格】衣长41cm，胸宽28cm，肩宽21cm
【工　　具】12号棒针
【编织密度】28针×48行=10cm²
【材　　料】白色丝光棉线400g，黑色丝带1条

【编织要点】

1.棒针编织法，由前片1片，后片1片，袖片2片，领片1片组成，从下往上织起。

2.前片的编织，一片织成。起针，单罗纹起针法，起160针，起织花样A，编织6行后，编织花样B，不加减针，织成60行，织6组花样B作为裙片，分散收针83针余77针开始编织衣身，继续编织花样B，不加减针，织成80行至袖窿。袖窿起减针，两侧同时收针4针，然后2-1-4，当织成袖窿算起28时，中间平收7针，两边进行领边减针，2-2-2，2-1-6，10行平坦，再织54行后，至肩部，各余下12针，收针断线。

3.后片的编织，一片织成。起针，单罗纹起针法，起160针，起织花样A，编织6行后，编织花样B，不加减针，织成60行，织6组花样B作为裙片，分散收针83针余77针开始编织衣身，继续编织花样B，不加减针，织成80行至袖窿。袖窿起减针，两侧同时收针4针，然后2-1-4，同时中间收针7针，不加减针往上编织，当织成袖窿算起38行时，两边进行领边减针，两边各平收6针，2-2-3，2-1-5，4行平坦，至肩部，各余下12针，收针断线。

4.袖片的编织。袖片从袖口起织，单罗纹起针法，起63针，编织花样A，不加减针，往上织6行后，编织花样B，不加减针，织成4行至袖窿，并进行袖山减针，两边各收针4针，然后2-1-16，织成32行，余下23针，收针断线。相同的方法去编织另一袖片。

5.拼接。将前片的侧缝与后片的侧缝和肩部对应缝合，再将两袖片的袖山边线与衣身的袖窿边对应缝合。

6.领片的编织，沿着前领边44针，后领边各挑12针，编织下针，织16行，对折后是8行的高度和领圈对应缝合，收针断线。

7.将黑色丝带缝在裙子相应位置，衣服完成。

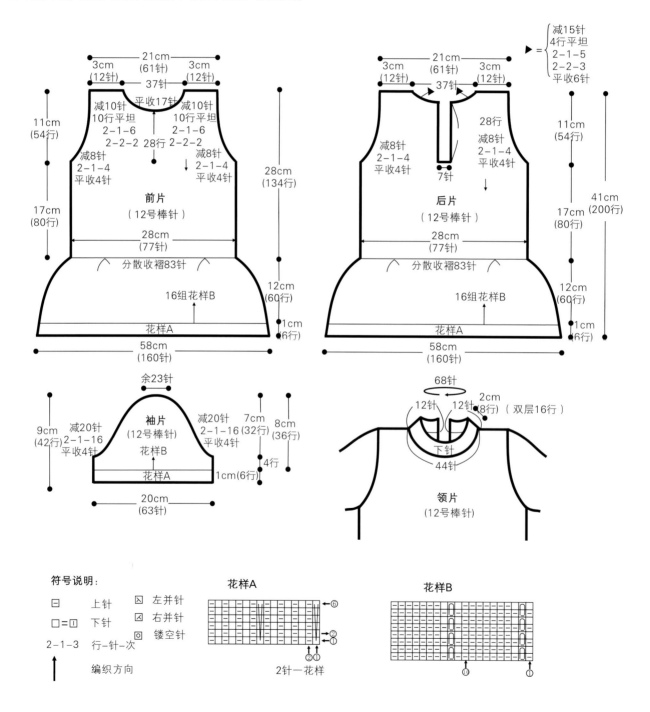

符号说明：

□ 上针
□=① 下针
2-1-3 行-针-次
↑ 编织方向

⊠ 左并针
⊠ 右并针
⊡ 镂空针

花样A
2针一花样

花样B

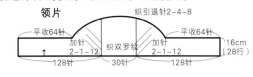

作品92

【成品规格】衣长36cm，胸围64cm，袖长34cm

【工　　具】11号棒针

【编织密度】22针×30行=10cm²

【材　　料】毛线300g，纽扣6枚

【编织要点】

1.后片的编织。起70针织双罗纹14行，加1针成49针排花样织，两侧各11针织起伏针，中间49针织花样A，织48行开挂肩，腋下各平收4针，再每4行减2针减4次，织48行后平收。

2.前片的编织。起33针织双罗纹14行，均加3针排花样织，里侧

11针织起伏针，外边织花样B，开挂肩同时收领窝，每4行减1针至完成。

3.袖的编织。从下往上织，起42针织双罗纹14行后均加6针织平针，两侧按图示加针织袖筒22cm，袖山减针方法同身片，最后16针平收。

4.领的编织。沿边缘挑针织双罗纹，后领窝挑30针，并在这两侧加针，青果领用引退针织法完成。缝上纽扣，衣服完成。

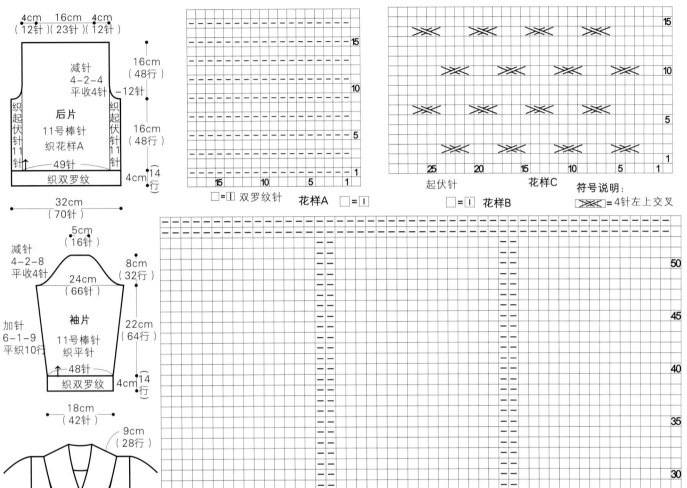

领片

织引退针2-4-8

平收64针　　加针 织双罗纹 加针　　平收64针

2-1-12　　　　　　2-1-12

128针　　　　30针　　　　128针

16cm

（28行）

花样A　　□=\|\| 双罗纹针　　□=\| 花样B

起伏针　　□=\| 花样B　　花样C

符号说明：

✕✕=4针左上交叉

后片

11号棒针

织花样A

49针

织双罗纹

4cm 16cm 4cm

（12针）（23针）（12针）

减针

4-2-4

平收4针　-12针

织起伏针11针

16cm（48行）

16cm（48行）

4cm（14行）

32cm

（70针）

袖片

11号棒针

织平针

48针

织双罗纹

5cm（16针）

减针

4-2-8

平收4针

24cm（66针）

加针

6-1-9

平织10行

8cm（32行）

22cm（64行）

4cm（14行）

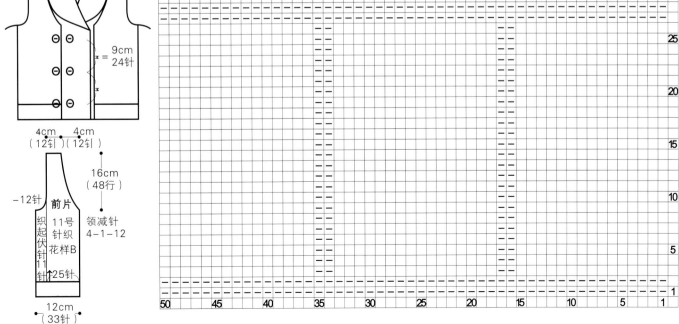

前片

11号针织

花样B

织起伏针11针

25针

18cm（42针）

9cm（28行）

9cm

24针

4cm 4cm

（12针）（12针）

-12针

16cm（48行）

领减针

4-1-12

12cm（33针）

作品93

【成品规格】衣长40cm，胸宽30cm，
　　　　　　袖长35cm
【工　　具】8号棒针
【编织密度】23针×23行=10cm²
【材　　料】咖啡色毛线600g

【编织要点】

1.采用棒针编织法，由前片1片、后片1片、袖片2片和领片2片组成。从下往上织起。

2.前片的编织，一片织成，单罗纹起针法，起60针，花样A起织，不加减针编织24行。下一行起，改织4针下针+4组花a+4针下针排列，不加减，织44行至袖窿。下一行两侧同时进行袖窿减针，2-2-8，不加减再织8行，然后1-1-4，当织成袖窿算起8行高度时，下一行进行衣领减针，从中间收针10针，两侧相反方向减针，2-2-5，2-1-5，减

15针，织成20行，与袖窿减针同步进行，直至余下1针，收针断线。

3.后片的编织，一片织成。单罗纹起针法，起60针，花样A起织，不加减针编织24行。下一行起，改织花样C，不加减针编织44行至袖窿。下一行两侧同时进行袖窿减针，2-2-8，不加减针编织8行高度，然后1-1-4，减4针，织成4行至后领片，余下20针。下一行起织后领片，并改织花样A，不加减针，织26行，收针断线。

4.袖片的编织，一片织成。单罗纹起针法，起30针，花样A起织，不加减针，织22行。下一行起，两侧同时加针，4-1-6，加6针，织成24行，不加减针编织10行高度。下一行两侧同时进行减针，4-2-4，2-2-6，减20针，织28行，余下2针，收针断线。用相同方法编织另一袖片。

5.前领片的编织。编织两块大小相同，方向相反的织片。见前片结构图，起10针，起织花样A，右领片是右侧加针，左领片是左侧加针，起10针起织花样A，不加减针，编织18行后，开始加针，6-2-6，织成54行的领片高度，加针织成22针，收针断线。将收针边与后领片侧边缝合。不加针边与衣身的前领边进行缝合、拼接，将前后片侧缝与袖片侧缝对应缝合，将前后片的侧缝对应缝合。衣服完成。

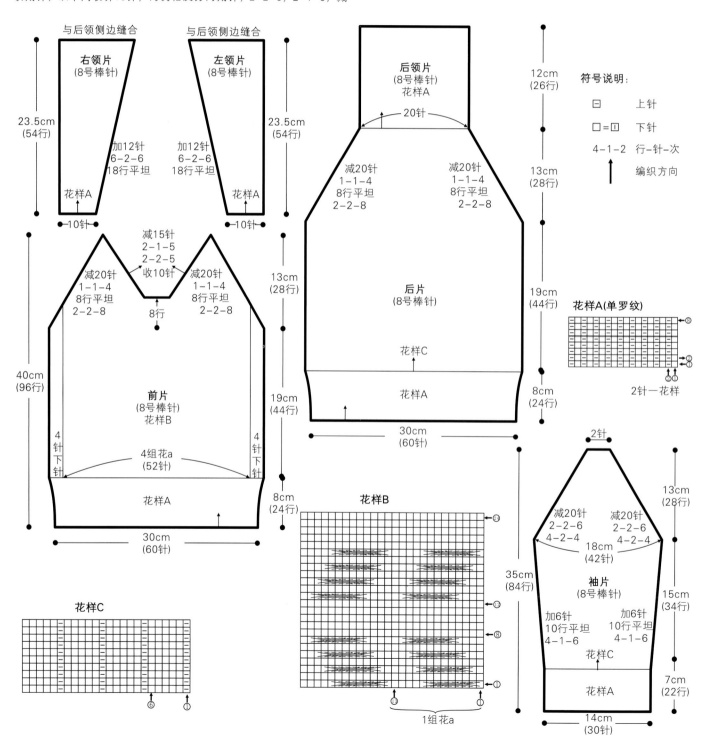

作品94

【成品规格】披肩长49cm，宽19cm

【工　　具】8号棒针

【编织密度】25针×28行=10cm²

【材　　料】白色三股马海毛线200g，纽扣4枚

【编织要点】

1.采用棒针编织法，披肩单片编织而成。

2.披肩的编织。单片编织，单罗纹起针法，起60针，织花样A，织10行，第11行起织花样B，织226行，第227行起再织花样A，织10行，共织246行，收针断线。

3.在一侧花样A边上制作四个扣眼，另一侧缝上4枚纽扣。披肩完成。

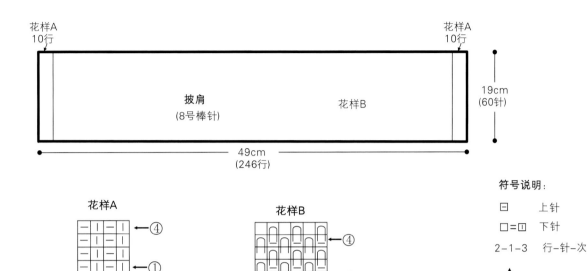

作品95

【成品规格】衣长53cm，下摆宽44cm，袖长34cm

【工　　具】10号棒针

【编织密度】26针×34行=10cm²

【材　　料】灰色毛线400g，纽扣3枚

【编织要点】

1.毛衣用棒针编织，由两片前片、一片后片、两片袖片组成，从下往上编织。

2.先编织前片，分右前片和左前片编织。

(1)右前片：用下针起针法起58针，织78行花样A后，改织38行全下针，侧缝不用加减针，至袖窿。

(2)袖窿以上的编织。右侧袖窿平收6针后减16针，方法是每织2行减2针减8次，平织48行。

(3)开袖窿的同时开始开领窝，先平收6针，然后领窝减20针，方法是每2行减1针减20次，平织24行后，至肩部余14针。

3.用相同的方法反方向编织左前片。

4.编织后片。

(1)用下针起针法起114针，织78行花样A后，改织38行全下针，侧缝个用加减针至袖窿。

(2)袖窿以上编织。袖窿两边各平收6针后减16针，方法是每2行减2针减8次，平织48行。

(3)同时织至从袖窿算起58行时，开后领窝，中间平收36针，两边各减2针，方法是每2行减1针减2次，平织2行后，至两边肩部余14针。

5.编织袖片。从袖口织起，用下针起针法，起42针，织40行花样A后，改织40行全下针，袖侧缝两边各加5针，方法是每16行加1针加5次至袖窿。平收6针后，开始袖山减针，方法是两边分别每4行减2针减8次，平织2行后，至顶部余26针，收针断线。用同样方法编织另一袖片。

6.缝合。将前片的侧缝与后片的侧缝对应缝合，前后片的肩部对应缝合，再将两袖片的袖山边线与衣身的袖窿边对应缝合。

7.领子至门襟编织。领圈边至两边门襟挑316针，织20行全下针，对折缝合，形成双层开襟V领。

8.用缝衣针缝上纽扣，衣服完成。

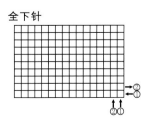

符号说明:

□　　上针

□=□　　下针

回　　扭针

囷　　扭针交叉

2-1-3　　行-针-次

↑　　编织方向

全下针

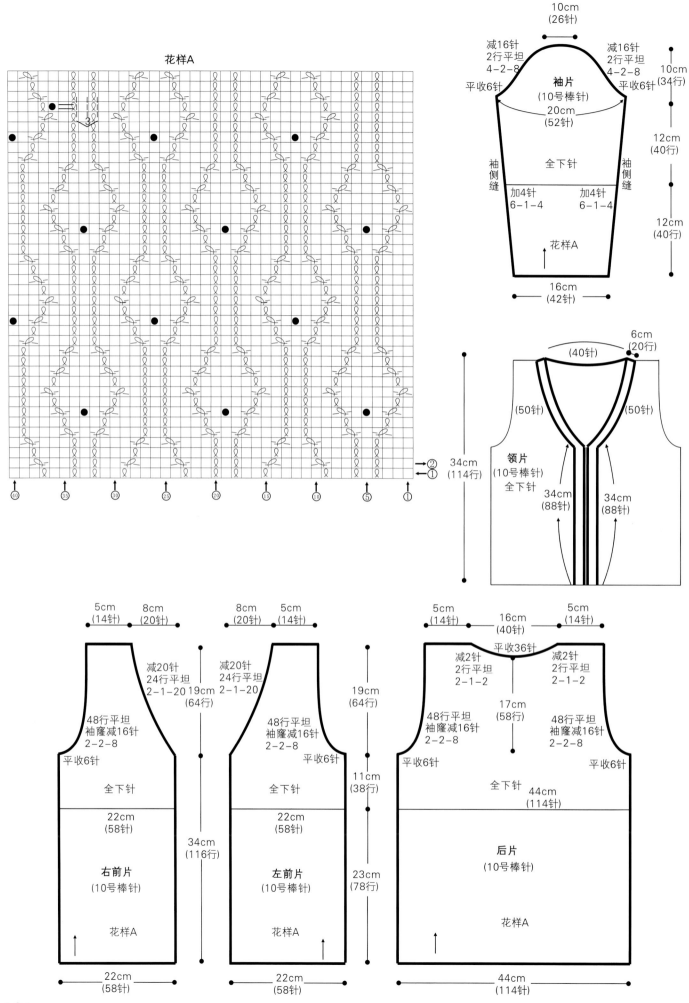

花样A

袖片
(10号棒针)
全下针

10cm
(26针)

减16针
2行平坦
4-2-8
平收6针

减16针
2行平坦
4-2-8
平收6针

20cm
(52针)

10cm
(34针)

12cm
(40行)

袖侧缝

袖侧缝

加4针
6-1-4

加4针
6-1-4

12cm
(40行)

花样A

16cm
(42针)

领片
(10号棒针)
全下针

6cm
(20行)

(40针)

(50针)

(50针)

34cm
(88针)

34cm
(88针)

34cm
(114行)

②
①

⑩ ㉟ ㉚ ㉕ ⑳ ⑮ ⑩ ⑤ ①

5cm
(14针)

8cm
(20针)

减20针
24行平坦
2-1-20

48行平坦
袖窿减16针
2-2-8

平收6针

全下针

22cm
(58针)

右前片
(10号棒针)

花样A

22cm
(58针)

8cm
(20针)

5cm
(14针)

减20针
24行平坦
2-1-20

48行平坦
袖窿减16针
2-2-8

平收6针

全下针

22cm
(58针)

左前片
(10号棒针)

花样A

22cm
(58针)

19cm
(64行)

19cm
(64行)

11cm
(38行)

34cm
(116行)

23cm
(78行)

5cm
(14针)

16cm
(40针)

5cm
(14针)

平收36针

减2针
2行平坦
2-1-2

减2针
2行平坦
2-1-2

48行平坦
袖窿减16针
2-2-8

平收6针

全下针

44cm
(114针)

48行平坦
袖窿减16针
2-2-8

平收6针

17cm
(58行)

后片
(10号棒针)

花样A

44cm
(114针)

126

作品96

【成品规格】衣长44cm，胸围60cm
【工　　具】10号、12号棒针
【编织密度】24针×35行=10cm²
【材　　料】花式毛线250g，纽扣3枚

【编织要点】

1.后片的编织。12号针起96针，织双罗纹6行后换10号针织，中心20针织花样，两侧各留12针以引递针的方式织出斜线，按图示织出减针。织出A形下摆后开始加针织袖，肩平收，后领窝留1.5cm。

2.前片的编织。织法同后片。开始加针织袖的同时中心平收14针，分成两片织；领口部分织24行后开始收领窝，另一侧同。

3.领和袖口的编织。先挑针织领，然后挑针织门襟，并在一侧留3个扣洞，袖口织双罗纹6行，缝上纽扣，衣服完成。

编织花样

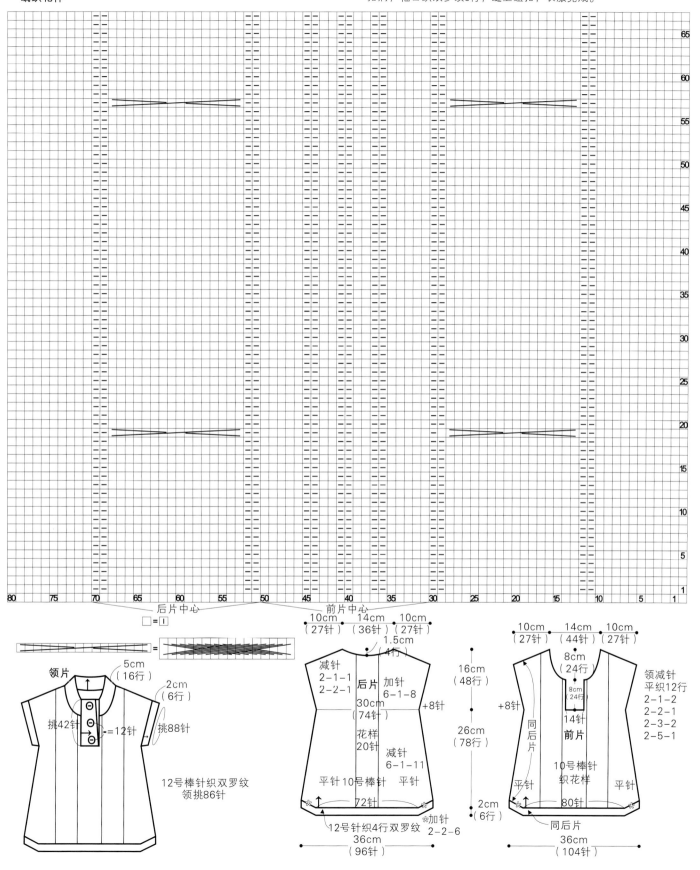

□ = ① = I

领片

5cm（16行）
2cm（6行）
挑42针 ○ ○ ○ = 12针 挑88针

12号棒针织双罗纹
领挑86针

10cm（27针） 14cm（36针） 10cm（27针）
1.5cm（4行）
减针 2-1-1 2-2-1 后片 加针 6-1-8 +8针
30cm（74针）
花样20针
减针 6-1-11
平针 10号棒针 平针
72针
12号针织4行双罗纹 ※加针 2-2-6
36cm（96针）

16cm（48行）
26cm（78行）
+8针
2cm（6行）
10cm（27针） 14cm（44针） 10cm（27针）
8cm（24行）
领减针 平织12行 2-1-2 2-2-1 2-3-2 2-5-1
8cm 24行 14针
同后片 前片
10号棒针织花样
平针 80针 平针
同后片
36cm（104针）

作品97

【成品规格】披肩长46cm，宽24cm

【工　　　具】12号环针

【编织密度】28针×33行=10cm²

【材　　　料】夹金丝彩棉线250g

【编织要点】

1.先织一块长方形，用别色线起68针织花100行，织好后从起针处拆掉别色线，挑起所有针数与另一边圈织。

2.第1行每针加1针，然后织双罗纹，织30行后平收，完成。

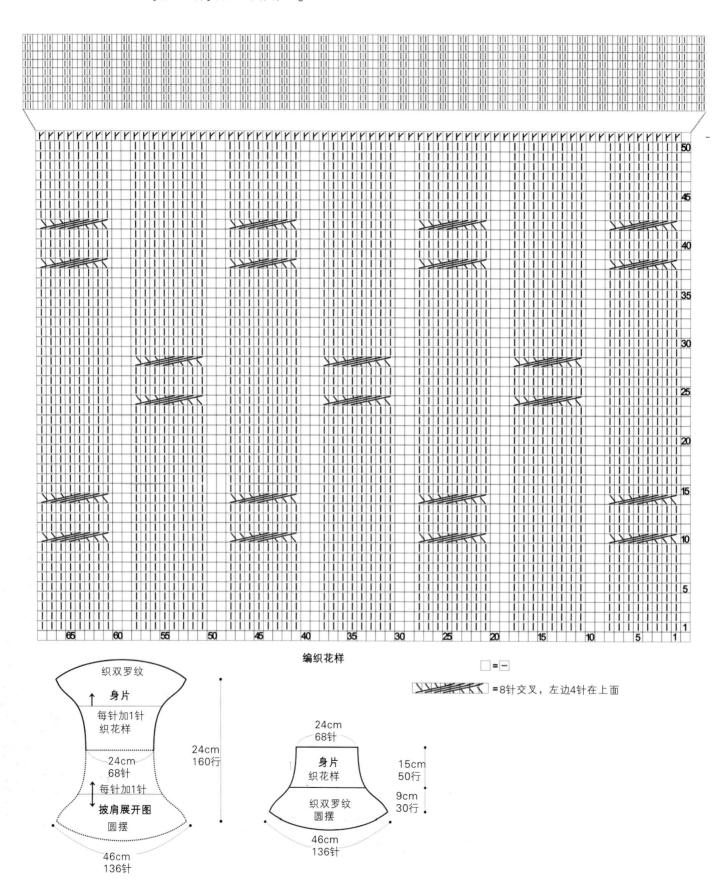

编织花样

□ = −

⟍⟍⟍⟍ ⟋⟋⟋⟋ = 8针交叉，左边4针在上面

织双罗纹

↑ 身片

每针加1针
织花样

24cm
68针

↑ 每针加1针

披肩展开图
圆摆

46cm
136针

24cm
160行

24cm
68针

身片
织花样

织双罗纹
圆摆

46cm
136针

15cm
50行

9cm
30行